2015年卫星遥感应用技术交流论文集

杨 军 主编

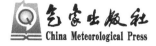
气象出版社
China Meteorological Press

内 容 简 介

本书由"卫星资料在天气分析中的应用"和"卫星资料在环境监测中的应用"两大部分。内容包括卫星资料在数值天气预报、暴雨、台风、降雪、中尺度天气分析、自然灾害监测等各领域的应用以及卫星资料处理和产品开发等方面的技术总结和讨论。这些内容对进一步推动和提高我国卫星资料特别是风云卫星资料的应用具有重要的指导意义。

图书在版编目(CIP)数据

2015 年卫星遥感应用技术交流论文集/杨军主编. —
北京:气象出版社,2016.4
　　ISBN 978-7-5029-6228-9

　　Ⅰ.①2… Ⅱ.①杨… Ⅲ.①卫星遥感—文集
Ⅳ.①TP72-53

中国版本图书馆 CIP 数据核字(2016)第 056216 号

2015 年卫星遥感应用技术交流论文集

杨　军　主编

出版发行:气象出版社

地　　址:北京市海淀区中关村南大街 46 号　　邮政编码:100081

电　　话:010-68407112(总编室)　　010-68409198(发行部)

网　　址:http://www.qxcbs.com　　**E-mail**:qxcbs@cma.gov.cn

责任编辑:李太宇　　终　审:邵俊年

责任校对:王丽梅　　责任技编:赵相宁

封面设计:博雅思企划

印　　刷:北京京华虎彩印刷有限公司

开　　本:787 mm×1092 mm　1/16　　印　张:12.5

字　　数:320 千字

版　　次:2016 年 5 月第 1 版　　印　次:2016 年 5 月第 1 次印刷

定　　价:80.00 元

本书编委会

主　编　杨　军

编　委　(以姓氏笔画排列)

王劲松　方　萌　方　翔　任素玲

刘　健　李莹莹　谷松岩　宏　观

张甲坤　张兴赢　张明伟　陆其峰

郑　伟　唐世浩　蒋建莹　覃丹宇

序

　　气象卫星遥感应用工作是我国要在 2020 年基本实现气象现代化的重要支撑，是提高气象防灾减灾水平、推动应对气候变化工作、强化为生态文明建设服务的重要内容。中国气象局始终高度重视气象卫星遥感应用技术交流，特别是把风云气象卫星遥感应用技术作为推动数值预报发展、提高综合观测能力、加强生态监测的重要手段。

　　2010 年，中国气象局印发的《气象卫星应用发展专项规划（2010－2015 年）》，有力地促进了气象卫星资料在气象预报预测、防灾减灾、应对气候变化和生态文明建设等方面的应用，取得了显著成效。2015 年，为了更好地满足用户需求，完善涵盖气象防灾减灾、大气和生态环境监测、数据共享与服务的国家级遥感应用业务体系，中国气象局专门成立了遥感应用服务中心，旨在充分发挥部门内部分工协作的优势，更好地实现以多源卫星资料综合处理为支撑、以全面提升卫星资料在气象业务定量应用能力为核心，为国内外用户提供优质卫星数据和产品服务的目标。在国家卫星气象中心和广大卫星气象科技工作者的共同努力下，我国风云卫星定标、定位质量接近国际同类卫星水平；风云卫星产品质量持续提高；卫星数据同化技术取得历史性突破；遥感资料综合应用平台推广应用、卫星数据共享服务能力和水平持续提高；卫星遥感应用标准化体系初步建立；卫星数据在国家级和省级气象核心业务的应用迈上新台阶。

　　2016 年是"十三五"的开局之年，也是气象事业改革和发展的关键一年。气象卫星及其应用作为气象现代化的标志和重要内容，必须超前发展、优先发展、加快发展。风云卫星及其应用的发展必须坚持"创新、协调、绿色、开发、共享"的发展理念，按照"持续创新，提质提效"的发展思路，积极推进风云卫星健康发展，加快建立气象卫星综合应用体系，努力提升卫星资料在数值天气预报、应对气候变化、防灾减灾和生态环境监测等气象核心业务的作用，不断扩大卫星资料应用的广度和深度，充分发挥卫星资料的综合应用效益。

此次技术交流会以"卫星资料的定量应用"为主题，总结和交流了 2015 年卫星资料在暴雨、台风、灾害性天气以及生态环境监测分析中的定量应用，体现了气象卫星资料定量应用技术前沿、热点和气象业务服务应用效果。这必将进一步促进气象卫星资料的应用，技术交流会也是集中展示应用成果的重要平台。

参加此次交流会的多是青年业务骨干，通过总结与交流不仅促进了人才培养，还将有利于进一步推动卫星遥感技术应用和提高气象业务服务水平。同时，交流会上关于风云卫星资料在气象业务的应用的论文逐年增加，也从一个侧面反映了风云卫星的应用进展。

在此，我向会议的组织单位国家卫星气象中心和各承办单位以及为论文集出版付出辛勤劳动的同志们表示衷心的感谢。希望全国气象卫星遥感应用技术交流会能总结经验，持之以恒，越办越好。

于新文[*]

2016 年 5 月于北京

---

[*] 于新文，中国气象局副局长。

前　言

2015 年 5 月，中国气象局预报与网络司、国家卫星气象中心和四川省气象局在四川省成都市组织召开了"2015 年全国卫星应用技术交流会"，旨在促进卫星遥感用户间的技术交流，提高卫星资料应用的气象现代化支撑能力。本次交流会共收到来自全国各省（区、市）气象部门、中国气象局直属单位、学校等共 30 家单位的 109 篇论文。经过专家筛选，有 65 篇论文参加会议交流。其中 10 篇交流会论文获大会优秀论文奖。

本次会议交流主题为"卫星资料的定量应用"，内容包括卫星资料在天气分析中的应用、卫星资料在气候与气候变化中的应用和卫星资料生态、农业及其他应用。本次交流较为全面地体现了气象行业科研和业务人员在天气分析与数值预报中的最新进展和特点，所交流的论文紧密结合业务应用，针对性和适用性更加突出。会议加强了不同部门、不同单位间遥感应用技术的交流合作，有效地促进了卫星遥感资料在气象业务中应用。为了进一步体现技术交流的成效，推动卫星遥感资料的应用，使遥感应用工作者受益，特从本次会议交流论文中精选部分论文编辑出版。

本次会议的成功召开和论文集的出版，得到了中国气象局有关职能司、各省（自治区、直辖市）气象局和气象出版社的大力支持与通力合作。特别是论文编审组专家给每篇入选论文提出了宝贵的修改意见，为文集顺利出版付出了辛勤的劳动，借此机会，对上述单位和个人以及所有论文作者一并表示感谢！

杨军

2016 年 3 月

目　录

第一部分

卫星资料在天气分析中的应用

2013 年 FY-2E 总云量产品在华北黄淮区域的分析检验①

韩永清　　丛春华

（山东省气象台，济南 250031）

摘　要：选定华北和黄淮为检验区域，利用地面观测总云量资料对 FY-2E 总云量反演产品进行检验和评估，结果表明：2013 年 FY-2E 总云量反演产品的数值较地面观测总云量的数值明显偏小，其中京津冀和山东西部地区差别最大。2013 年 5—8 月总云量定量检验结果显示 FY-2E 总云量反演产品中晴云准确率较高，可达到 70％以上，但对分级云量的判断识别能力较弱，尤其对阴天的判断准确率最低，仅为 5％；FY-2E 总云量判断各级云量偏弱率远远高于其准确率和偏强率，尤其对阴天的判断，几乎完全偏弱。两种总云量产品存在高相关性和高偏差，即 FY-2E 总云量反演产品与地面总云量观测产品的趋势一致，但系统误差较大，在实际使用时考虑二者的相关特征进行适当订正是有效的。

关键词：总云量；FY-2E；地面观测；定量检验

1　引言

　　云是表征天气气候特点的重要要素之一，也是大气动力过程、热力过程和水分输送过程综合作用的外在表现，在地气系统的能量平衡中起着重要的作用。云量是其中一个非常重要的因素，能较大程度反映这种反馈机制，因此在天气和气候研究中占有非常重要的地位。FY-2E 卫星总云量反演产品和地面观测总云量是目前气象部门较为常见的云量数据产品，但二者具有不同的物理意义。FY-2E 总云量产品定义为区域内云覆盖面积与总面积的百分比，产品生成的基本原理基于大气辐射传输理论，利用 FY-2E 可见光和红外通道探测资料估算总云量。地面观测总云量不是云体实际面积与天空面积的比例，而是指云遮蔽天空视野的成数（云覆盖天空的百分率），其物理意义是"视云量"，即云在观测者"视野"中占的比例。就观测点的总云量而言，地面人工观测值的可靠性相对要高。因此利用地面观测总云量产品对 FY-2E 卫星总云量反演产品的性能进行分析和检验具有重要的意义。

　　ISCCP 总云量、MODIS 总云量以及地面常规观测总云量是目前使用较多的总云量数据，往往被广泛应用于云量的气候学特征分析、卫星反演数据对比验证以及气候模式模拟云量的验证等[1~3]，翁笃鸣等[4] 使用 ISCCP 月平均总云量资料分析了我国卫星总云量与地面总云量的分布，给出了它们在各地区的相关性和差异性；刘瑞霞等[5] 对采用空间匹配的插值方法对 ISCCP、常规观测以及 MODIS 总云量进行了对比分析，给出了定量对比结果；王旻燕等[6] 对

　　① 资助项目：中国气象局预报员专项"ECMWF 总云量产品在强天气预报中的应用研究"（CMAYBY2014-037）资助。
作者简介：韩永清，山东省气象台，山东济南，250031。E-mail：qingyonghan@163.com

ISCCP D2 和地面站观测总云量进行了定性及定量分析,认为两种资料对我国总云量分布形势和气候变化的描述比较一致,但具有区域性差异;席琳等[7] 对 1995—2010 年 FY-2 和 GMS 静止卫星云量数据进行了检验和评价,刘洪利等[1] 分析了 ISCCP D2 月平均资料和地面测站云资料,发现二者总云量的整体分布和气候变化都比较一致,但定量上略有差别,尤其是我国北方地区差别较大。但对于这些长序列气候数据集,其产品可能缺少小时观测数据,或者时间空间分辨率较低等原因,满足不了实际的科研和业务需求。为检验 FY-2E 总云量逐小时数据在我国华北黄淮区域的可用性,本文选取 2013 年区域内 306 个气象站点的地面观测总云量与 FY-2E 总云量反演产品进行对比分析,对比两类总云量分布形势的差异,揭示其相关性和差异性,给出两类总云量产品的定量检验结果,为今后应用与研究提供参考依据。

2 资料介绍

本研究选取 2013 年华北和黄淮区域内 FY-2E 总云量和地面观测总云量进行对比,总云量值的范围为 0~10,小于 1 表示晴空,1~3 表示少云,3~7 表示多云,超过 7 表示阴天,单位为成。其中,FY-2E 总云量为 45°N—55°S,55°—155°E 覆盖范围的格点数据,空间间隔 1°×1°,1 小时 1 次;地面观测总云量为散点数据,3 小时 1 次。利用华北和黄淮区域(30°—45°N,105°—125°E)内分布相对均匀的 306 个站点地面观测云量数据与 FY-2E 格点数据进行对比分析,为方便比较,选取每日 8 次(02 时、05 时、08 时、11 时、14 时、17 时、20 时和 23 时)数据,使用距离权重插值法将 FY-2E 格点数据插值到区域内 306 个站点上,而后对两种数据进行分析。

3 结果分析

3.1 2013 年总云量空间分布特征对比分析

3.1.1 年平均总云量空间分布特征对比分析

图 1a 和图 1b 给出了 2013 年年平均 FY-2E 与地面观测总云量的空间分布。图 1a 可以看出,除环渤海地区云量数值在 1~2 之间外,华北黄淮区域其他大部地区云量介于 2~3 之间,即 2013 年华北和黄淮区域平均云量均介于 1~3 之间,完全为少云区。地面观测总云量(图 1b)表现出不一样的分布特征:云量总体分布呈现南多北少的特点,40°N 以北为少云区,以南为多云区;京津冀和山东西部地区有一云量中心超过 4 的异常大值区;地面观测云量数值在 2~6 之间分布,数值上远大于 FY-2E 云量反演产品。

为了研究 FY-2E 总云量与地面观测总云量关系分布的空间特征,将每天同一个时刻的 FY-2E 与地面观测总云量进行空间匹配,获得二者偏差和相关系数的空间分布图(图 2a 和图 2b)。可以看出,在华北和黄淮地区,40°N 以北地区二者平均偏差相对较小,偏差绝对值小于 1;除山东西部及京津冀地区偏差异常大外,40°N 以南地区 FY-2E 卫星总云量明显小于地面观测总云量,偏差绝对值呈增大趋势,最大绝对偏差超过 3。除 40°N 以北、京津冀和山东西部地区外相关系数小于 0.5 外,其他区域相关系数均超过 0.5,最高达 0.7。其中,京津冀和山东西部均为雾霾高发地区,雾霾天气发生时,由于发生高度较低,一方面使得目测云量值显著偏大,另一方面卫星难以识别,猜测较大的偏差和较小的相关系数可能与此有关,后面将对 2013 年发生的雾霾过程与云量结果进行对比分析,检验该猜想。总之,2013 年 FY-2E 总云量反演产品的数值较地面观测总云量的数值明显偏小,以京津冀和山东西部地区差别最大;FY-2E 总云量产品存在较大的偏差,使用时需要对其进行订正。

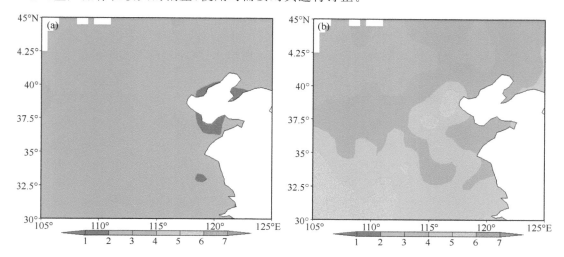

图 1   2013 年全年平均 FY-2E(a)与地面常规观测(b)总云量的空间分布图(单位:成)

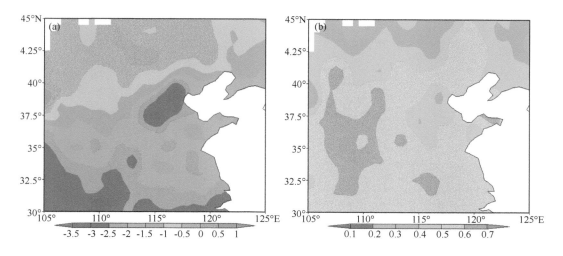

图 2   FY-2E 卫星总云量与地面观测总云量平均偏差(a)(单位:成)和相关系数(b)分布图

3.1.2   白天和夜间平均总云量空间分布特征对比分析

为进一步对比两种云量产品,将全年 08 时、11 时、14 时和 17 时 4 个时次合成作为白天云量,将全年 20 时、23 时、02 时和 05 时 4 个时次合成作为夜间云量,得到两种云量产品 2013 年白天(图 3a 和图 3b)和夜间(图略)的分布特征。结果表明,两种产品白天平均的云量空间分布、相关系数、偏差特征与其对应的年平均特征基本一致;白天 FY-2E 卫星反演总云量产品也在环渤海区域有云量小值区,数值介于 1~2 之间,其他地区云量数值均介于 2~3 之间,即华北黄淮区域仍为少云区;白天地面观测总云量显示云量也有南多北少的分布特征,京津冀和山东西部地区也有一云量中心超过 4 的异常大值区,华北黄淮区域多为多云区。白天云量的偏差分布图(图 3d)显示 40°N 以南地区地面总云量较卫星总云量数值偏大,云量偏差以负值为主;京津冀和山东西部地区有小于－3 的高偏差区域,其他地区从北向南偏差呈现负增大的趋势。白天云量的相关系数分布图(图 3c)显示除京津冀和山东西部地区相关系数略小外,其他地区相关系数均超过 0.6。两种云量产品夜间与白天的分布特征总体相似但略有区别:夜间较白天 FY-2E 卫星反演总云量产品在环渤海区域的云量小值区范围偏小;夜间较白天地面观测总云量在京津冀和山东西部地区的云量大值区范围偏小;夜间较白天两种云量产品的相关系数偏小。

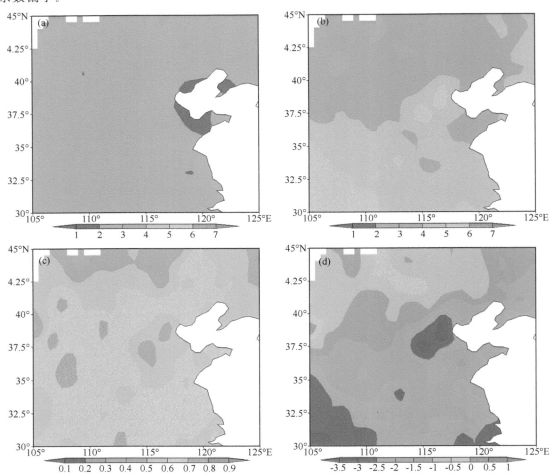

图 3　2013 年全年平均白天(a)FY-2E 总云量、(b)地面观测总云量(单位:成)、
(c)相关系数、(d)FY-2E 总云量与地面观测云量平均偏差的空间分布(单位:成)

3.2　FY-2E 总云量与地面观测总云量的相关性和差异性分析

表 1 列出华北和黄淮区域 306 个站区域平均的卫星总云量和地面总云量在全年各月的相关系数 r 以及相应的平均偏差 d。由表 1 可以看出,两者的相关是比较好的,全年的相关系数达到 0.79,平均偏差为 1.73。较大的相关系数说明在该范围内 FY-2E 总云量和地面总云量是大致对应的,二者的变化趋势趋于一致,较大的平均偏差则说明 FY-2E 卫星总云量产品存

在较大的系统偏差。从各月数值来看,5 月相关系数最大为 0.92,1 月相关系数最小仅为 0.63;7 月平均偏差最大为 2.57,其次是 6 月 2.55,偏差最小的是 12 月,仅 0.69。综合来看云量偏差夏季最大,冬季最小;相关性上春季最大,冬季最小。FY-2E 总云量与地面总云量的差异性是与相关性同时存在的。

原因主要考虑两点,第一,与两种测云方法的技术差异和观测方式不同有关,卫星观测自上而下由仪器进行自动瞬时连续扫描,地面观测自下而上进行定时人工观测。卫星对高云的探测能力比对低云的探测能力更强,5—10 月当温度持续较高或较低(如连阴雨天)的云比较接近地面、云体少变的情况下,云卫星检测算法的结果往往将低云误判为地表,低估云量。同时,二者的观测方式不同也造成了观测范围不同。当能见度比较好时,地面观测云量的范围相对卫星观测而言,已经超过了一个卫星像元。云底高度不同时,在地面观测到的天空范围不同,低云条件下的天空观测范围小得多,人眼对云占天空比例的视觉误差很大。因此,地面观测云量和卫星观测云量二者本身的定量对比必然存在差异,这种差异无法避免。第二,卫星总云量产品定义为区域内云覆盖面积与总面积的百分比,产品生成的基本原理源于大气辐射传输理论,利用 FY-2 可见光和红外通道探测资料,估算总云量。卫星资料在实际应用时,存在定标、算法等方面的差异,应与地面观测资料对比后剔除系统误差,从而提高卫星资料的准确性。

表 1　2013 年 FY-2E 总云量与地面总云量相关系数(r)和偏差(d)表

	1 月	2 月	3 月	4 月	5 月	6 月	7 月	8 月	9 月	10 月	11 月	12 月	年平均
r	0.63	0.71	0.86	0.90	0.92	0.87	0.86	0.83	0.84	0.73	0.78	0.83	0.79
d	1.25	1.87	1.45	1.52	2.02	2.55	2.57	2.15	2.14	1.29	1.30	0.69	1.73

将平均偏差分别加到每个月的 FY-2E 总云量数据上,画出订正后的区域平均 FY-2E 总云量和地面观测总云量逐 3 小时分布曲线如图 4a 所示,可以看出 7 月订正后的 FY-2E 总云量与地面观测总云量基本一致,极大值、极小值和变化趋势基本相似,这与订正前二者相关系数较大有关。从图 4b 可以看出,1 月按照平均偏差订正后的 FY-2E 总云量与地面总云量在多个时次偏差仍然比较大,以 1 月 20 日和 1 月 29—31 日两个时段差别最大,查证地面图后发现 1 月份山东及京津冀地区有 27 天存在大范围雾霾天气,20 日和 29—31 日为大雾天气,部分地区能见度低于 50 m,严重影响了地面观测云量。这说明在雾霾天气,尤其是大雾天气下,人眼对云占天空比例的视觉误差较大,地面观测总云量会比 FY-2E 总云量大得多。

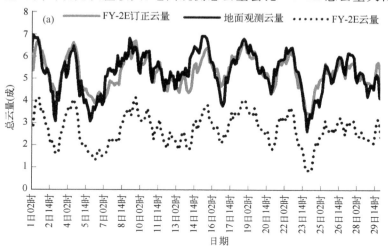

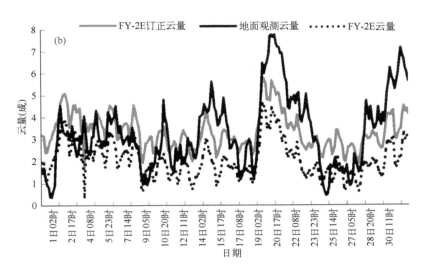

图 4　2013 年 7 月(a)和 1 月(b)地面总云量、FY-2E 卫星总云量和 FY-2E 订正云量变化曲线

3.3　2013 年 5—8 月 FY-2E 总云量与地面总云量定量检验分析

目前,对数值预报降水产品检验的较多[8~10],为检验 FY-2E 总云量对晴天、少云、多云和阴天四级云量的分级判断能力,以地面观测云量为实况,对 2013 年 5—8 月 FY-2E 总云量进行定量检验。总云量检验公式为:

$$判断准确率:AC_k = \frac{NR_k}{NR_k + NS_k + NW_k} \times 100\% \tag{1}$$

$$判断偏强率:FS_k = \frac{NS_k}{NC_k + NS_k + NW_k} \times 100\% \tag{2}$$

$$判断偏弱率:FW_k = \frac{NW_k}{NC_k + NS_k + NW_k} \times 100\% \tag{3}$$

式中 NR_k 为正确站(次)数、NS_k 为偏强站(次)数(即 FY-2E 云量等级大于实况云量检验等级)、NW_k 为偏弱站(次)数(即 FY-2E 云量等级小于实况云量检验等级)。

结果显示,2013 年 5—8 月各月晴云准确率均在 70% 以上,云量各级检验与晴云准确率变化规律完全一致,其中 5 月最高,晴云准确率为 80%,少云、多云和阴天准确率分别为 22%、32% 和 6%;8 月最低,晴云准确率为 67%,少云、多云和阴天准确率分别为 17%、21% 和 5%。云量的分级检验中,多云准确率最高,少云次之,阴天准确率最低。FY-2E 总云量阴天判断偏弱率较高,达到 90% 以上,少云和多云偏弱率超过 50%。FY-2E 总云量判断偏强率较小,除 5 月对少云的判断偏强率达 32% 外,其余月份各量级判断偏强率均小于 25%,阴天的判断偏强率为 0。表明 FY-2E 总云量与地面总云量差异较大,晴云准确率虽然较高,但对各级云量的判断识别能力较弱,FY-2E 总云量判断各级云量偏弱率远远高于其准确率和偏强率,尤其对阴天的判断,几乎完全偏弱。这与前面对区域云量的统计检验结果一致,2013 年 5—8 月 FY-2E 反演总云量小于地面观测总云量,从云量的定量检验结果看,这与 FY-2E 总云量对各级云量的判断偏弱率远远高于其准确率和偏强率有关。

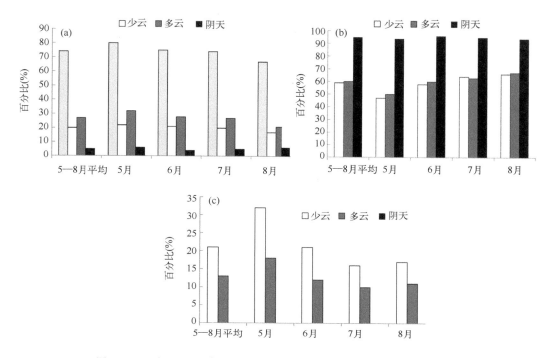

图 5 2013 年 FY-2E 各级云量检验正确率（a），偏弱率（b）和偏强率（c）

4 结 论

经过上述分析，得出结论如下：

（1）2013 年华北和黄淮区域内地面观测平均总云量分布呈现南多北少的特点，40°N 以北为少云区，以南为多云区；FY-2E 平均总云量除环渤海区域云量数值小于 2 外，其他区域云量 2～3 之间，完全为少云区。FY-2E 云量反演产品数值上远小于地面观测云量，尤其以京津冀和山东西部地区偏差最为明显。

（2）FY-2E 和地面观测两种云量产品白天平均的云量空间分布、相关系数、偏差特征与其对应的年平均特征基本一致，两种云量产品夜间与白天的分布特征总体相似但略有区别：夜间较白天 FY-2E 卫星反演总云量产品在环渤海区域的云量小值区范围偏小；夜间较白天地面观测总云量在京津冀和山东西部地区的云量大值区范围偏小；夜间较白天两种云量产品的相关系数偏小。

（3）2013 年 FY-2E 总云量和地面总云量产品存在高相关性和高偏差，说明卫星与地面总云量产品的趋势一致，系统误差较大。在实际使用时考虑二者的相关特征进行适当订正是必要的，按照平均偏差进行订正能在一定程度上解决两种产品偏差较大的问题。

（4）1 月份雾霾天气会对地面总云量观测产生影响，即使按照平均偏差进行订正后，此类天气下的地面观测总云量较 FY-2E 总云量仍然大得多。

（5）2013 年 5—8 月云量定量检验结果显示：FY-2E 总云量与地面观测总云量差异较大，晴云准确率较高，均达到 70% 以上，但对各级云量的判断识别能力较弱，尤其对阴天的准确率判断最低,仅为 5%。FY-2E 总云量判断各级云量偏弱率远远高于其准确率和偏强率,尤其对阴天的判断,几乎完全偏弱。

参考文献

[1]　刘洪利,朱文琴,宜树华,等. 中国地区云的气候特征分析. 气象学报,2003,**61**(4):466-475.

[2]　段皎,刘煜. 近 20 年中国地区云量变化趋势[J]. 气象科技,2011,**39**(3):280-288.

[3]　丁守国,石广玉. 利用 ISCCP D2 资料分析近 20 年全球不同云类云量的变化及其对气候可能的影响. 科学通报, 2004,**49**(11):1105-1111.

[4]　翁笃鸣,韩爱梅. 我国卫星总云量与地面总云量分布的对比分析. 应用气象学报,1998,**9**(1):32-37.

[5]　刘瑞霞,陈洪斌,郑照军,等. 总云量产品在中国区域的分析检验. 应用气象学报,2009,**20**(5):571-578.

[6]　王旻燕,王伯民. ISCCP 产品和我国地面观测总云量差异. 应用气象学报,2009,**20**(4):411-418.

[7]　席琳,师春香,赵笔锋,等. 1995—2010 年静止卫星云量数据检验和评价. 气象科技,2013,**41**(1):8-14.

[8]　肖明静,盛春岩,石春玲,等. 2010 年汛期多模式对山东降水预报的检验. 气象与环境学报,2013,**29**(2):27-33.

[9]　张晶,姚文,何晓东,等. 营口地区数值预报降水产品定量检验和预报指标研究. 气象与环境学报,2014,**30**(1):30-35.

[10]　崔妍,周晓宇,赵春雨,等. 5 个 IPCC AR4 全球气候模式对东北三省降水模拟与预估. 气象与环境学报,2014,**30**(4):34-41.

ASCAT 洋面风资料的检验及东海大风遥感分析

黄新晴[1]　　楼茂园[1]　　张增海[2]①

(1. 浙江省气象台,杭州 310017；2. 国家气象中心,北京 10081)

摘　要:利用浙江沿海 6 个海洋岛屿观测站对 MetOP-A 极轨卫星搭载的 ASCAT 散射计反演资料进行了检验,并利用 ASCAT 风场资料统计了东海大风频数的月变化及空间分布特征,结果表明:ASCAT 洋面风(10 m)在东海具有较好的可信度,风速的平均偏差为 −0.59 m/s。对 7 级及以下风速,ASCAT 洋面风略大于海洋观测站,一致性较好,对 8 级以上大风,ASCAT 比观测偏小。利用 ASCAT 资料分析东海风场发现,东海冬季出现 6 级以上大风的次数明显高于夏季；出现大风最多的区域为以台湾海峡为中心,向东北延伸至浙江省东部沿海一带。ASCAT 资料可以较好地反演台风风场和提高东海大风的预报能力。

关键词:ASCAT；检验；东海大风频数；东海风场

1　引言

1.1　ASCAT 工作原理

自 1999 年卫星散射仪 QuickSCATterometer(QuickSCAT)启用即为各界研究或作业单位广泛使用,而 QuickSCAT 已经于 2009 年 11 月停止运作,2006 年 10 月由欧洲发射的 Advanced Scatterometer(ASCAT)正式接替 QuickSCAT 海面风场的观测任务,一些国家作业单位陆续地将散射仪海面风场的需求转由 ASCAT 来提供[1]。

2006 年 10 月 19 日由欧洲太空总署发射升空的 ASCAT 挂载于 MetOp-A,属于绕极轨道卫星,以 C 波段微波雷达(频率 5.255 GHz),执行海面风场的观测任务[2,3]。荷兰皇家气象协会(KNMI)于 2007 年 2 月 21 日起开始提供相关的散射仪风场反演数据。仪器设计为两组各三个垂直极化天线所构成,采用双扇形波束扫描(类似 NSCAT),两组扫描宽度各约 525 km,两者间隔约 700 km,每日约可覆盖全球 70% 的无冰海洋,提供海上 10 m 高的风场资料。ASCAT 极轨卫星每天两次经过东海区域上空,分别在 08 时和 20 时(北京时)。

1.2　资料简介

本研究使用分辨率为 25 km 的风场资料来分析。在我省近海选择了 6 个观测站,其中有四个是岛屿站,2 个是浮标站(图 1)即:嵊泗(58472,30°26′,122°27′)、嵊山(58473,30°44′,122°49′)、舟山浮标(58573,29°45′,122°45′)、大陈岛(58666,28°27′,121°54′)、南麂(58764,27°28′,121°51′)、温州浮标(58768,27°33′,121°24′)。为了比较好地分析 ASCAT 资料在东海

①　基金项目:2013 年浙江省科技厅公益项目(2013C33037);浙江省重大科技专项(2011C13044)。

不同区域的性能,采用最优插值法把散射计风矢量资料插值到海洋测站上,然后进行拟合的误差分析。资料长度为 2011 年 1 月 1 日到 2012 年 6 月 18 日。

2　检验方法简介

为了了解 ASCAT 洋面风资料的真实性和可信度,对浙江东海洋面观测资料与洋面风原始轨道格点资料进行检验,根据检验结果可知插值后的失真程度。检验步骤如下:

风速偏差 $\qquad\qquad\qquad \Delta S = S_{\text{obs}} - S_{\text{scat}} \, (\text{m/s})$;

其中,S 为风速,下标 obs 和 scat 分别代表观测值和 ASCAT 洋面风。以上各项偏差都有正负值。

其次,计算各项开方根误差:$T = \sqrt{\dfrac{1}{N} \sum\limits_{i=1}^{N} (F_{\text{obs}} - F_{\text{scat}})^2} \, (\text{m/s})$,最后计算各项平均绝对

误差:$T_{MAE} = \dfrac{1}{N} \sum\limits_{i=1}^{N} | F_{\text{obs}} - F_{\text{scat}} | \, (\text{m/s})$,其中 F_{obs} 和 F_{scat} 分别代表风速观测值和 ASCAT 洋面风,N 为样本总数。

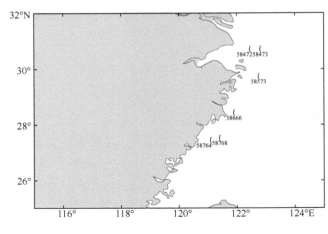

图 1　测站分布

3　ASCAT 散射风与观测站资料的对比分析

表 1 给出了各测站与 ASCAT 矢量风比较的检验结果,测站与 ASCAT 误差总计为 −0.59 m/s,南麂站的风速略大于 ASCAT 风速,其他测站风速均小于 ASCAT 风速,ASCAT 与测站风速的均方根误差、平均绝对误差分别为 3.08 m/s 和 2.4 m/s,检验结果表明,风速偏差、绝对偏差和均方根偏差与原始数据偏差处于同一个水平。对比发现嵊泗(比号:58472)和大陈岛(比号:58666)的风速偏差、均方根偏差以及平均绝对误差最大,说明 ASCAT 风速与该站风速比较大,同时舟山浮标站(比号:58573)和温州浮标站(比号:58768)从风速偏差、均方根偏差和平均绝对误差基本都是处于小值范围内,主要是因为测站相比较的 ASCAT 风速是通过插值到测站所在经纬度得到的,这样相互比较的两个风速分别在海面和海岛不同的下垫面

进行比较,海岛的粗糙度大而导致的,广阔的海洋上面岛屿对风有明显影响,造成岛屿实测风速大都比 ASCAT 风速小,对于浮标站而言,下界面为海平面,没有高度差,因此其误差相对较小,对比的检验结果更可信。总的来说,ASCAT 风速在东海是可信的。

表 1　观测站和 ASCAT 风速的偏差、均方根误差、绝对误差

测站	风速偏差(m/s)	风速均方根误差(m/s)	风速平均绝对误差(m/s)	样本数
嵊泗 58472	−1.09	3.25	2.61	1105
嵊山 58473	−0.22	3.22	2.52	1105
舟山 58573	−0.8	2.63	2.0	1014
大陈 58666	−1.14	3.02	2.45	1105
南麂 58764	0.02	3.44	2.72	1097
温州 58768	−0.3	2.79	2.08	1000
6 个测站平均	−0.59	3.08	2.4	6427

表 2 给出的是风速分段正确的百分比,即测站的实测风速在某段,ASCAT 散射计风速也在该段所占的百分比,由表 2 可知对于风速在 0~20 m/s 之间各个的正确率数值相差不大,较高的是舟山浮标站和温州浮标站,正确率比较低的是嵊山站,同时发现在 5.5~10.7 m/s,也就是 4~5 级风这一段正确率最高,均超过 70%,10.8~17.1 m/s 即 6~7 级风这一段正确率相对也比较高,舟山浮标站达到了 66.4%,温州浮标站和大陈岛均超过了 50%,通过分析可知,ASCAT 对于 6~8 级风的正确率还是比较高的,对于大风预报有很大的参考价值,由于我们的资料是 10 分钟平均整点风速,统计结果表明基本是以 7 级以下风为主,研究所取资料长度较短,样本较少,通过计算得知所有测站得到的正确率均为零,同时也说明对于超过 17.1 m/s 的风速来说 ASCAT 正确率比较低。

表 2　ASCAT 分段正确百分比

测站	0~5.5 m/s (%)	5.5~10.7 m/s (%)	10.8~17.1 m/s (%)	10.8~20 m/s (%)	0~20 m/s (%)
嵊泗 58472	36.0	74.9	34.6	35.5	52.6
嵊山 58473	37.6	75.6	30	32.9	48.2
舟山 58573	42.7	79.3	66.4	66.1	59.0
大陈 58666	36.7	70.6	51.5	51.9	51.6
南麂 58764	43.7	74.8	39.9	41.4	52.6
温州 58768	47.6	82.2	53.4	53.4	58.5
6 个测站平均	34.2	76.1	45.2	46.0	54.0

为了更清楚地看出 ASCAT 散射计风场资料对于 6 级(≥10.8m/s)以上大风的实际情况,图 2 给出 6 级以上大风观测站和 ASCAT 风速误差图。从图 2 可以看出,6 级以上测站和 ASCAT 风速误差总计为 2.67 m/s,且 ASCAT 风速普遍小于实测风速,误差最小的分别为舟山浮标站(58573),大陈岛(58666),温州浮标站(58768),误差都在 2 m/s 以内,由此可见,浙江近海测站插值得到的 ASCAT 风速受地形影响很明显,6 级以上大风以偏小为主,误差与原始数据偏差处于同一个水平。

通过上述分析可看出：舟山浮标站和温州浮标站风速误差是 6 个测站最小的,受不同下垫面、地形影响,测站平均风速小于 ASCAT 散射计风场资料,总体来看 ASCAT 散射计矢量风在东海是可用的,但在使用过程中要注意浙江附近海岸线对 ASCAT 散射计风速的影响。

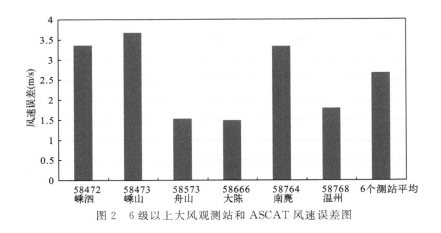

图 2　6 级以上大风观测站和 ASCAT 风速误差图

4　东海大风频数分布特征

通过上述对 ASCAT 和观测站风速的对比分析,我们发现卫星散射计资料可以较好地反映 6 级($\geqslant$10.8 m/s)以上的大风,因此,本文主要分析 6 级以上大风出现的频数。图 3 给出了 ASCAT 卫星反演海面风监测资料计算的 1—12 月每月东海海域出现 6 级以上大风频数分布情况。可以看出：

1 月份,东海出现 6 级以上大风的天气主要分布在台湾岛周围,为 50 次左右,浙江沿海及其外海平均出现 35 次。显著特点是在浙江沿海当月 6 级以上大风分布由北向南成较大的梯度分布。表明在 1 月份浙江沿海及其外海大风出现有明显的区域特征,由北向南出现 6 级以上大风的次数快速增长。2 月份,整个东海海域探测到的 6 级以上大风出现的次数的明显减少,为 10 次左右。台湾海峡出现次数最大,在 12 次以上。3 月份,东海海域出现 6 级以上大风的次数比 2 月份明显增加了 1 倍左右,最大值分布在台湾岛附近海域,平均在 25 次左右,最大值出现在台湾海峡,在 30 次以上。浙江沿海出现 6 级以上大风的次数比 2 月份有所增加,并且外海增加幅度更大。4 月份,东海出现 6 级以上大风的次数明显下降,仅在台湾海峡为主的东北西—南向近海海域有 4 次左右的大风出现,外海则明显减少。5 月份,东海海域出现 6 级以上大风的次数进一步减小为 2 次左右。6 月份,东海海域出现 6 级以上大风的次数与 5 月份相当,均为 2 次左右。7 月份,东海海域出现 6 级以上大风的次数最少,浙江沿海基本上无 6 级以上大风出现。8 月份,东海海域出现 6 级以上大风的次数开始增加到 6 次左右。增加幅度明显。9 月份,东海海域出现 6 级以上大风的次数开始增加到 8 次以上,其中,台湾海峡与浙江省舟山群岛以东海面增加最为明显。10 月份,东海海域出现 6 级以上大风的次数进一步增加,并且主要出现在近海地区。以台湾岛附近和浙江省东南部沿海最为显著,为 15 次左右,其中台湾海峡出现 20 次以上。11 月,东海海域出现 6 级以上大风的次数继续增多,并且增多的范围开始向东海外海扩展,增加最为显著的区域为台湾海峡,浙江省东南部沿海及其以东海域。12 月,整个东海海域出现 6 级以上大风的次数显著增加,为 11 月份的 2 倍左右。其中在台湾岛附近出现 45 次左右,在浙江省东部及其东南部沿海出现 30 次左右。并且浙江省沿海大风次数南北分布表现出显著的梯度特征。

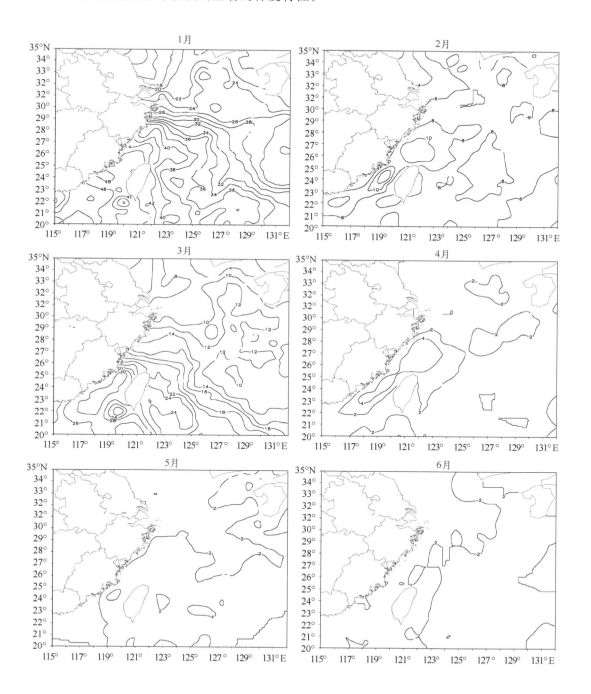

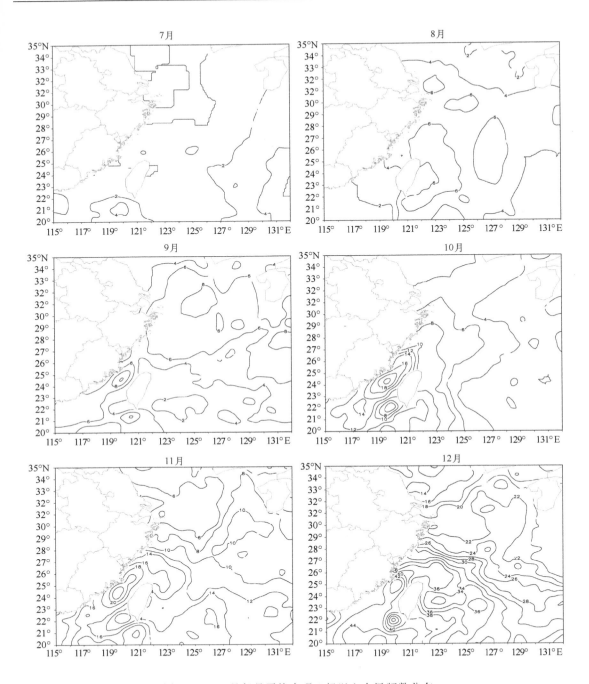

图 3　1—12 月每月平均出现 6 级以上大风频数分布

由此可见,从 1 月份到 12 月份,东海海域每月出现 6 级以上大风过程表现出如下特点:

(1)1 月份和 12 月份最多,其次为 3 月份与 11 月份,5 月份至 7 月份最少。即冬季出现 6 级以上大风的次数明显高于夏季。影响我省的大风以冬季为主,其次为春秋季的 3 月份和 10 月份。

(2)出现大风最多的区域为以台湾海峡为中心,向东北延伸至浙江省东部沿海一带。

由于海洋上测站稀少,卫星资料的应用很好地弥补了这一缺陷,尤其是 ASCAT 卫星的海面风反演资料,能够提供对海上风变化的连续监测数据,为进一步研究东海海域大风过程提供很好的资料来源,另一方面由于 ASCAT 极轨卫星每天只有两次观测,因此对于影响东海海域大风过程的统计对资料的长度有明显的依赖性,而本次统计结果为 2011 年全年至 2012 年 7 月。其在一定程度上较好地反映了影响东海海域 6 级以上大风分布的逐月演变情况。但仍然需要在后续的工作中用更长时间系列的资料进行深入的分析。

5 ASCAT 洋面风东海应用

2014 年超强台风"浣熊"给浙江沿海海面和东海带来了狂风巨浪,其中浙江沿海海面出现了 9~11 级大风,大风主要集中在 7 月 8—9 日,从 9 日 08 时 ASCAT 洋面风场分布(图 4),我们可以清楚地看到台风中心风场结构,结构紧实,强度大,中心附近最大风速达到 9 级,其大风速带主要位于偏东方向,达到了 10 级,主要是受台风和副高环流共同影响的区域,在扫描得到的黄海南部、东海范围内基本都处于瞬时风 7 级的大风里,可见其影响范围广,由于受海岸线影响,ASCAT 洋面风在浙江海岸线附近无观测值,通过 08 时浮标和油田站对比分析发现,其风向风速基本一致,准确地反映了浙江外海东海渔场的连续风场。

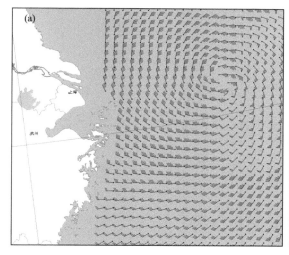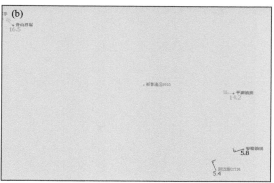

图 4 2014 年 7 月 9 日 08 时 ASCAT 洋面风场(a)和浙江北部沿海海面浮标站及外海油田站风场(b)分布

图 5 给出的是 2014 年 7 月 23 日第 10 号台风麦德姆中心在台湾海峡时,23 日 08 时 ASCAT 风场分布,可以看到台风中心风场分布情况,与台湾岛上的测站互补有无,可以用来辅助台风中心定位,同时可以清楚地看到其大风速圈主要位于台风中心东北方向,在我们省浙南南部沿海海面已经出现了 12 m/s 大风。图 6 给出的是浙江南部和福建沿海实况风场,对比分析可知,在我们省浙南南部沿海海面已经出现了 12 m/s 大风。和我们省南部沿海测站对比基本一致,但福建沿海海面与实况相比偏小一个量级。也就是说对于 8 级以上大风偏小。

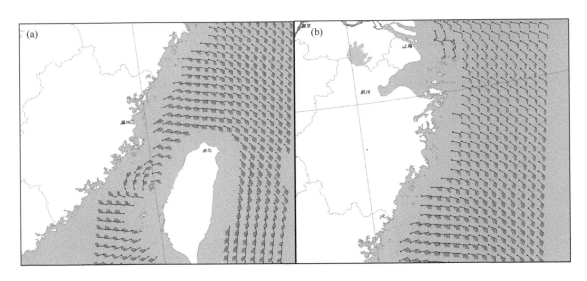

图 5　2014 年 7 月 23 日 08 时 ASCAT 洋面风场分布
（a. 福建沿海海面；b. 浙江沿海海面）

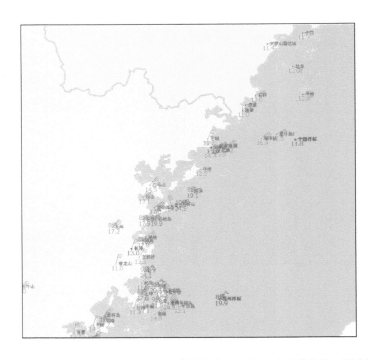

图 6　2014 年 7 月 23 日 08 时福建沿海海面和浙江南部沿海海面风场

　　由此可见，ASCAT 洋面风资料可以弥补因缺少海洋岛屿观测站而无法获取的高分辨率风场的不足，可以与近岸陆地测站互补有无。提高海洋大风的预报能力，可以用来作为热带气旋定位的辅助分析。对于 8 级以上大风和实况相比偏小，需要做进一步的订正研究。

6　小结

(1)通过观测站风速和 ASCAT 散射计洋面风对比分析发现,风速偏差为－0.59 m/s,误差较小。ASCAT 散射计风速普遍高于海洋观测站,对于 6 级以上大风,ASCAT 散射计风速小于海洋观测站。

(2)通过分段正确率统计,5.5～10.7 m/s,10.8～17.1 m/s 两段的正确率较高,17.2 m/s以上大风的正确率最低。

(3)ASCAT 卫星散射计矢量风在东海是可用的,可以较好地代替浙江近海海域船舶站的风速,使用中应注意附近海岸线对 ASCAT 散射计风速的影响。

(4)各月 6 级大风分析频数显示,1 月份和 12 月份 6 级大风最多,其次为 3 月份与 11 月份,5 月份至 7 月份最少。即冬季出现 6 级以上大风的次数明显高于夏季;出现大风最多的区域为以台湾海峡为中心,向东北延伸至浙江省东部沿海一带。

(5)在东海大风的实际应用中表明,ASCAT 风资料弥补了东海洋面上海洋观测资料的不足,与近岸陆地互补有无,可以有效地提高东海大风的监测和预报能力。

参考文献

[1]　Bentamy A,Croize-Fillon D,Perigaud C. Characterization of ASCAT measurements based on buoy and QuikSCAT wind vector observations. *Ocean Science*,2008,**4**(4):265-274.

[2]　Chang P,Jelenak Z. NOAA Operational Satellite Ocean Surface Vector Winds Requirements Workshop Project. June 5-7,2006.

[3]　张增海,曹越男,刘涛,等. ASCAT 散射计风场在我国近海的初步检验分析.气象,2014,**40**(4):473-481.

FY-3A 三个通道资料反演水云
有效粒子半径的研究[①]

陈英英[1]　　熊守权[1]　　周毓荃[2]　　毛节泰[3]

(1. 湖北省气象服务中心,武汉 430074;2. 中国气象科学研究院,北京 100081;
3. 北京大学物理学院大气与海洋科学系,北京 100871)

摘　要:基于在水汽吸收波段,云的反射率主要依赖于云粒子大小的原理,利用 SBDART 辐射传输模式和 FY-3A 极轨气象卫星可见光红外扫描辐射计(VIRR)的通道 3(3.7 μm)、中分辨率光谱成像仪(MERSI)的通道 6(1.64 μm)和通道 7(2.13 μm)所提供的探测数据进行了水云有效粒子半径的反演比较。发现,1.64 μm、2.13 μm 和 3.7 μm 三个通道均能定量反演有效粒子半径的大小,其中 1.64 μm、2.13 μm 通道对大粒子的敏感性较高,3.7 μm 通道在光学厚度较小时敏感性好。最后,利用三个通道的反射率及有效粒子半径反演产品分析了污染对海洋层积云微物理结构的影响,并与 MODIS 有效粒子半径产品进行比较,具有较好的相关性。

关键词:FY-3A 星;反射率;有效粒子半径;污染;MODIS

1　引　言

云有效粒子半径是描述云滴尺度的重要特征参量,其分布对云和降水的形成有着十分重要的作用,了解云粒子大小分布状况,有助于认识人类活动对环境造成的影响[1]。

国外利用机载或卫星的可见光和近红外/中红外通道探测资料反演云光学厚度和有效粒子半径的研究工作已有许多[2~7],其理论基础是云在非水汽吸收波段,反射函数主要是云光学厚度的函数,在水汽吸收波段,反射函数主要是云粒子大小的函数。在此基础上 MODIS[3] 形成了一整套关于云光学厚度和有效粒子半径等参数的反演方法。随着我国卫星事业的蓬勃发展,这一领域也逐渐成为国内学者研究的方向。刘健等[8]利用 FY-1C 极轨气象卫星扫描辐射计资料反演了水云的有效粒子半径,周毓荃等[9]、陈英英等[10]则利用 FY-2C/D/E 系列静止卫星联合反演了有效粒子半径、云光学厚度、云顶高度等一系列云参数产品。

虽然静止卫星覆盖范围广阔,并且有着高时间分辨率的优势、可连续监测云的生消聚散,但太阳天顶角的大幅变化会给反演产品的稳定性和准确性带来较大的干扰,并且,静止卫星 5 km 左右的空间分辨率给有效粒子半径的精细化分析带来一定的困难。因此,利用极轨卫星反演云参数的工作一直是优先考虑的问题。

我国 FY-3A 极轨卫星于 2008 年 5 月 27 日发射成功,星上携带 11 种观测仪器,其高空间分辨率及多光谱的优势使精细准确的反演有效粒子半径成为可能。为检验 FY-3A 资料在反

① 第一作者:陈英英,从事大气物理与大气遥感方面的研究,Email:brisk007@163.com。

演有效粒子半径方面的应用潜力,本文首先利用 SBDART[11] 辐射传输模式分析我国 FY-3A 卫星上搭载的中分辨率光谱成像仪(Medium Resolution Spectral Imager,简称 MERSI)中的 1.64 μm、2.13 μm 通道和可见光红外扫描辐射计(Visible and InfraRed Radiometer,简称 VIRR)中的 3.7 μm 通道对云有效粒子半径的敏感性,分别进行有效粒子半径的反演试验,并在此基础上分析人为污染对海洋层积云微物理结构的影响,最后与 MODIS 近同一时次的有效粒子半径产品进行对比检验。

2　敏感性试验

　　为定量获取 1.64 μm、2.13 μm 和 3.7 μm 通道反射率与云粒子有效半径的关系,首先利用 SBDART 辐射传输模式建立了不同散射几何条件、不同地表类型、不同大气层结及不同水云参数条件下反射率的查算表,以备多种情况反演所需。计算时采用了 FY-3A 中分辨率光谱成像仪 MERSI 中 0.65 μm、1.64 μm、2.13 μm 通道及可见光红外扫描辐射计 VIRR 中 3.7 μm 通道的光谱响应函数。

　　SBDART(Santa Barbara DISORT Atmospheric Radiative Transfer)是一用于计算在晴空和云天条件下,地球大气和地面间平面平行辐射传输的软件工具。它包含了影响紫外、可见光和红外辐射场的各类重要过程,集成了复杂的离散坐标辐射传输模块、低分辨率大气透射模式和水滴、冰晶的米散射结果。代码适用于各类大气辐射能量平衡和遥感方面的研究,可以进行敏感性实验。最为关键的是,它提供了有关角度和云的微物理特征方面的辐射信息,这些参数的设定为计算卫星遥感的辐射量奠定了基础。

2.1　1.64 μm 通道反射率对有效粒子半径的敏感性分析

　　为分析 1.64 μm 通道反射率对云有效粒子半径的敏感性,首先利用 SBDART 辐射传输模式计算了 FY-3A/MERSI 的可见光通道 0.65 μm 和近红外通道 1.64 μm 的反射率分别随云光学厚度和有效粒子半径的变化曲线,如图 1 所示,为适应第 3 节中个例分析需要,其初始设置参数为:假定反演对象为水云,地表反射率取为 0.04,即洋面,选取的大气模式为中纬度夏季大气,太阳天顶角 40°,卫星天顶角 5°,相对方位角 40°,云层分布于 1～4 km。

　　图 1 中横轴为 0.65 μm 可见光通道反射率,纵轴为 1.64 μm 近红外通道反射率,取值范围均为 0～0.9。其中不同颜色的曲线表示不同有效粒子半径的计算结果,分别取 2、4、8、16、32、64 μm 等六个代表值,主要影响近红外通道反射率探测结果,即与纵轴对应;而云光学厚度沿横轴递增,七个代表值分别为 1、2、4、8、16、32、64,如图中黑色数字标识,主要影响可见光通道反射率探测结果。曲线上的每一个点都表示一定光学厚度和有效粒子半径条件下对应的 0.65、1.64 μm 通道反射率。图 1 中的黄色圆圈所示的散点为将在第 3 节中进行分析的 2011 年 9 月 4 日 21:45(UTC)FY-3A/MERSI 观测的 44°～45°N、166°～165°W 范围内 11483 个海洋性层积云像元的双通道反射率分布。

　　从图 1 中可以看出,由于设置地表类型为洋面,上述两个通道的反射率均来自于云而几乎不受地表干扰,六条表示不同有效粒子半径的曲线起始处即云光学厚度很小、近晴空条件下 0.65 μm 可见光和 1.64 μm 近红外通道的反射率都很小,如云光学厚度为 1,有效粒子半径为 2 μm 时其 0.65 μm 和 1.64 μm 通道反射率仅为 0.09 和 0.078,并且当云光学厚度小于 4 时,不同有效粒子半径的曲线区分不明显,说明对于薄云层,1.64 μm 通道对有效粒子半径的反演

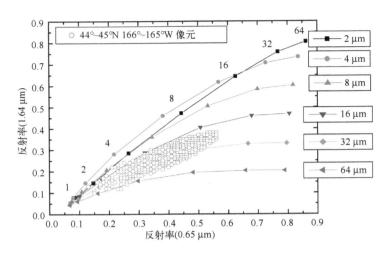

图 1　MERSI 中 0.65 μm、1.64 μm 通道反射率与云光学厚度、有效粒子半径的理论关系

误差较大。当云层逐渐变厚,0.65、1.64 μm 通道反射率随云光学厚度和有效粒子半径的变化规律逐渐清晰,即 0.65 μm 通道反射率随云光学厚度的增大而增大,有效粒子半径对其影响很小;而 1.64 μm 通道反射率则随有效粒子半径的增大而减小,对光学厚度也有一定的依赖,但在光学厚度较大的区间,依赖性减弱,主要受有效粒子半径的影响,说明对于光学厚度较大的云层,可利用 1.64um 通道的反射率单独反演有效粒子半径。

从图 1 中散点的落区还可以看出,散点落区对应的有效粒子半径多集中在 16 μm 的曲线下方,即云粒子大多超过 16 μm,分布较为紧凑,而横轴方向上对应的云光学厚度在 2~20 不等,跨度较大,可以初步推断,这是一片水平方向上粒子大小较为均一、光学厚度不尽相同的云区。

2.2　2.13 μm 通道反射率对有效粒子半径的敏感性分析

与图 1 类似,图 2 为 FY-3A/MERSI 的 0.65 μm、2.13 μm 波段反射率随云光学厚度和有效粒子半径的变化曲线,除了将 1.64 μm 替换为 2.13 μm 通道外,其他参数设置与图 1 相同。与图 1 对比可以发现,2.13 μm 通道反射率随有效粒子半径的变化规律与 1.64 μm 基本一致,但曲线位置整体下移,即在同样的参数条件下,利用 SBDART 辐射传输模式计算的 2.13 μm 通道反射率要小于 1.64 μm 通道,这与两个近红外通道的中心波长不同有关。另外,图 2 中表示不同有效粒子半径的不同颜色曲线都变得平直,说明云光学厚度对 2.13 μm 通道有效粒子半径反演的影响变小。但在光学厚度较小时,曲线之间仍存在一定的交叠,会给反演结果带来一定的误差。

针对同一区域的海洋性层积云像元个例,较之 1.64 μm 通道,FY-3A/MERSI 中 2.13 μm 通道反射率对应的有效粒子半径集中在 16 μm 曲线附近,小于 1.64 μm 通道的反演结果,这种差异一方面来源于 FY-3A 卫星近红外通道的定标精度,另一方面则与实际云中垂直方面上有效粒子半径的垂直非均一性有关,这将在 2.3 节的分析中进一步阐述。图 2 与图 1 的散点分布趋势基本一致,由于横轴采用与图 1 同样的 MERSI 的 0.65 μm 可见光通道反射率,因此对应的云光学厚度也在 2~20 的范围。

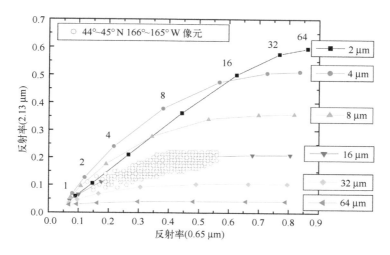

图 2　MERSI 中 0.65、2.13 μm 通道反射率与云光学厚度、有效粒子半径的理论关系

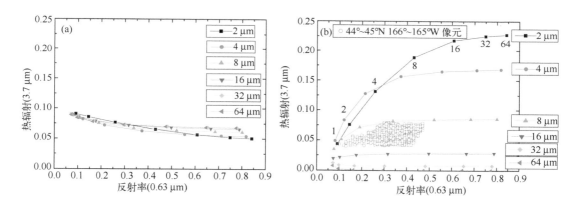

图 3　(a)VIRR 中 0.63 μm 通道反射率、3.7 μm 通道热辐射(单位:W/(m² · s)与云光学厚度、有效粒子
半径的理论关系;(b)VIRR 中 0.63 μm、3.7 μm 通道反射率与云光学厚度、有效粒子半径的理论关系

2.3　3.7 μm 通道反射率对有效粒子半径的敏感性分析

　　较之图 1 和图 2 的 1.64 μm 和 2.13 μm 两个近红外通道,3.7 μm 通道在反演有效粒子半径时较为复杂,这是由于白天 3.7 μm 波段接收到的辐射由两部分组成,即热辐射和反射辐射,如图 3a、图 3b 分别为 SBDART 辐射传输模式计算的 FY-3A/VIRR 中 3.7 μm 通道热辐射和反射率分别随云光学厚度和有效粒子半径变化的关系图,横轴为 VIRR 中 0.63 μm 通道的反射率,其他参数设置与图 1 相同。由图 3a 可以看出,热辐射部分对有效粒子半径几乎没有任何敏感性,不同颜色的曲线叠加在一起,无法进行区分,而图 3b 则体现出与图 1、图 2 类似的特征,较之图 2,曲线的位置进一步整体下移,说明在 1.64 μm、2.13 μm、3.7 μm 三个对有效粒子半径敏感的通道中,对于同样的云,3.7 μm 通道探测到的反射率最小。除此之外,表征不同有效粒子半径大小的不同颜色曲线都更为平直,在云光学厚度较小的区间,这一特征体现得更加明显,曲线之间仅有少量交叠,说明云层较薄时,利用 3.7 μm 通道反演有效粒子半径的误差较小。但从图 3b 中也可以看出,对于有效粒子半径大于 32 μm 的粒子,3.7 μm 通道反射率

的敏感性要明显不及 1.64 μm、2.13 μm,说明 3.7 μm 通道对较大粒子的反演能力较弱。

另外,与图 1、图 2 对比可以发现,图 3b 中的散点分布对应 8~14 μm 的有效粒子半径范围。并且,从图 3b 散点在横轴方向上的分布可以看出,其云光学厚度对应于 2~12 的区间,小于图 1、图 2 中 2~20 的结果,这是由 VIRR 中的 0.63 μm 与 MERSI 中的 0.65 μm 两个仪器上可见光通道的观测差异所造成。

2.4　小结

由以上分析可以得出 FY-3A/MERSI 中的 1.64 μm、2.13 μm 和 VIRR 中的 3.7 μm 通道反射率在反演有效粒子半径上的异同:

(1)在取值上,对于同样的云参数设置,1.64 μm、2.13 μm、3.7 μm 三个通道反射率依次减小。

(2)当云光学厚度较大时,在对大粒子的敏感性上,1.64 μm 通道最高,2.13 μm 通道略次之,3.7 μm 通道要明显减弱。

(3)当云光学厚度较小时,3.7 μm 通道反射率较之其他两个通道能在一定程度上更好的体现粒子大小的差异。

这与 Nakajima[4] 曾经指出的"对于光学厚度大于 4、有效粒子半径大于 6 μm 的层状水云来说,可以用 0.75 μm 和 2.16 μm 通道的反射函数反演它的光学厚度和有效粒子半径。而对于光学薄云层来说,反演结果是不确定的,解是不唯一的,加入 1.65 μm 通道并不能明显改善反演结果,而加入 3.7 μm 通道则可以降低解的不确定性"一致。MODIS 也是利用 0.645 μm、2.13 μm 和 3.75 μm 通道的联合来反演云光学厚度和有效粒子半径[12]。

因此,在有效粒子半径垂直方向均一分布的假定下,理论上 FY-3A 有效粒子半径反演算法的设计应做如下考量:

当云层不是很薄时(光学厚度大于 4),可以用 FY-3A/MERSI 的 0.65 μm、2.13 μm 通道反射率采用双通道插值的方法同时反演云光学厚度和有效粒子半径;

当云层很薄时(光学厚度小于 4),可以用 FY-3A/VIRR 的 0.63 μm、3.7 μm 通道反射率进行相应计算。云层越薄、反演结果的不确定性越高。

本文上述讨论均假定有效粒子半径在垂直方向上呈均一分布,Nakajima[7] 利用 MODIS 资料研究有效粒子半径的垂直非均一分布对 1.6 μm、2.1 μm、3.7 μm 三个通道反射率的影响后指出:

(1)3.7 μm 通道反射率在云顶有小云滴存在时有效粒子半径的反演最易产生误差;而 1.6 μm 通道反射率最易受云中毛毛雨滴存在的影响;

(2)在反映有效粒子半径垂直方向光学深度的方面,1.6 μm、2.1 μm、3.7 μm 通道分别可以反映光学厚度为 0~28、0~15、0~8 的云层深度。

由于云中存在复杂的动力及微物理过程,云粒子有效半径并非呈现垂直方向均一分布,而 1.6 μm、2.1 μm、3.7 μm 通道对此不同的敏感性,在一定程度上解释了三个通道反射率对应的不同有效粒子半径反演结果的原因。

3　个例分析

通常,广袤洁净的海洋上空的污染要小于陆地上空,充当云凝结核的物质较少,在同样的云水条件下会形成较大的云滴,但卫星观测显示出人为污染对海洋层积云的作用,如图 4 所示,

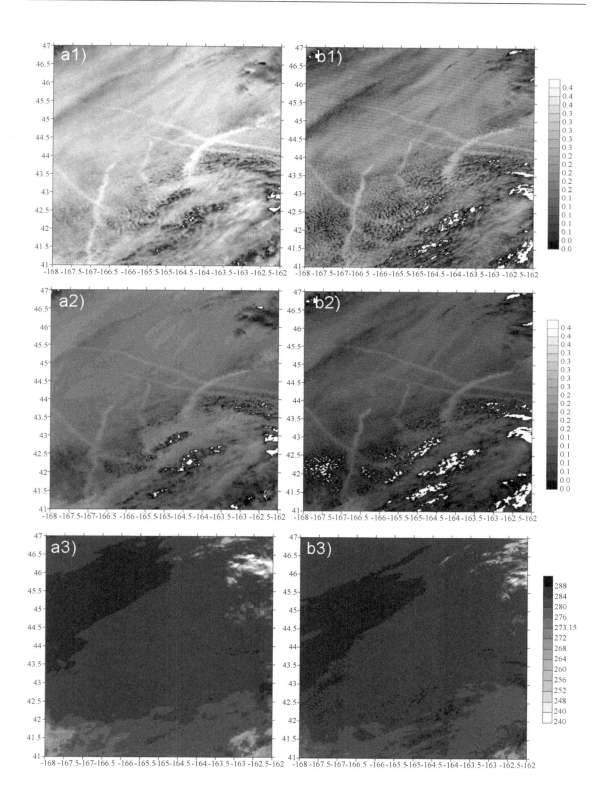

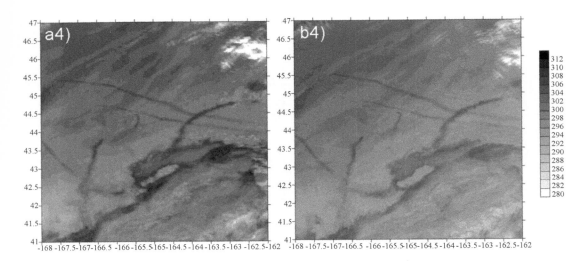

图 4 　(a)2011 年 9 月 4 日 21:15(UTC)MODIS 的观测值。(a1)1.64 μm 通道反射率;(a2)2.13 μm 通道反射率;(a3)11.03 μm 通道黑体亮温;(a4)3.75 μm 通道黑体亮温;(b)2011 年 9 月 4 日 21:45(UTC)FY-3A 卫星的观测值。(b1)MERSI 中的 1.64 μm 通道反射率;(b2)MERSI 中的 2.13 μm 通道反射率;(b3)VIRR 中的 10.8 μm 通道黑体亮温;(b4)VIRR 中的 3.7 μm 通道黑体亮温

为 2011 年 9 月 4 日 21:45(UTC)FY-3A 卫星与同日 21:15(UTC)MODIS 相近通道的观测结果。截取的范围是 41°~47°N，−168°~−162°W，为使两者具有较好的可比性，将 MODIS 资料中 406×270 的地理信息数组插值为 2030×1354，即 1 km 左右的空间分辨率，与 FY-3A 资料保持一致。其中图 4(a1)、(b1) 分别为 MODIS 的 1.64 μm 通道与 FY-3A/MERSI 的 1.64 μm 通道反射率，(a2)、(b2) 分别为 MODIS 的 2.13 μm 通道与 FY-3A/MERSI 的 2.13 μm 通道反射率，(a3)、(b3) 分别为 MODIS 的 11.03 μm 通道与 FY-3A/VIRR 的 10.8 μm 通道的黑体亮温，(a4)、(b4) 分别为 MODIS 的 3.75 μm 通道与 FY-3A/VIRR 的 3.7 μm 通道的黑体亮温。

从图 4(b1)、(b2)、(b4) 中可以看出，在均匀的海洋性层积云背景下，FY-3A 的 1.64 μm、2.13 μm、3.7 μm 三个通道的观测图像都出现几条明显的带状痕迹，而图 4(b3)10.8 μm 通道的红外亮温却没有类似的现象，只能看出大片的暖云背景。说明较之红外通道，1.64 μm、2.13 μm 近红外通道和 3.7 μm 中红外通道对于云滴尺度的确有较高的敏感性。

在对卫星观测资料进行定性分析的基础上，利用 FY-3A/MERSI 的 1.64 μm、2.13 μm 及 VIRR 的 3.7 μm 通道分别对有效粒子半径进行反演，进一步监测这些污染对海洋层积云微物理结构造成的影响，曾有学者在 NOAA-AVHRR 多光谱卫星图像出现时，尝试过这方面的研究[13,14]。

在第 2 节中讨论过，对于云光学厚度不是很薄的云层，可以利用近红外或中红外通道的反射率单独反演云粒子有效半径而不考虑云光学厚度的影响，由 FY-3A/MERSI 的可见光通道反射率判别，选取的这一个例符合上述条件要求(图略)。因此，首先利用已有查算表对分别 1.64 μm、2.13 μm、3.7 μm 通道反射率与有效粒子半径的关系进行非线性拟合，经过相关性检验后，建立三个针对本个例的由 1.64 μm、2.13 μm、3.7 μm 通道反射率计算有效粒子半径的表达式，进而分别获取三个通道反演的有效粒子半径产品，如图 5b1、5b2、5b3 所示。可以看出，图 4 中反射率的带状痕迹在图 5 的有效粒子半径图中体现为小粒子的区域，低于背景云

层的云滴尺度。造成这一现象的原因是轮船燃烧产生的烟尘沿轮船的航行轨迹扩散至云中所致,在稳定的大气层结条件下,烟尘的影响区域与轮船轨迹基本一致。吸湿性的燃烧颗粒使有效的云凝结核数目增加,在有限的云水条件下使得云滴变小,谱宽变窄,这一变化会对暖雨碰并过程的启动造成抑制。

从图 5b1、5b2、5b3 三个通道的有效粒子半径反演结果可以看出,整个云系的纹理结构清晰,特征明显,在较均匀的海洋层积云背景下,小粒子痕迹位置一致,三幅图有较高的吻合度,由于缺乏 MODIS 大量的反演前期准备工作,在云层边缘的云像元识别上有些差异。对比图 5a 的 MODIS 产品和三个通道的反演结果发现,2.13 μm 通道反演的有效粒子半径在色调上与 MODIS 最为接近,3.7 μm 通道的反演结果略微偏小,而 1.64 μm 的反演结果则偏大。这一方面受原始数据及反演算法本身的差异影响,另一方面还与 MODIS 反演云光学厚度和有效粒子半径时选取的通道有关。

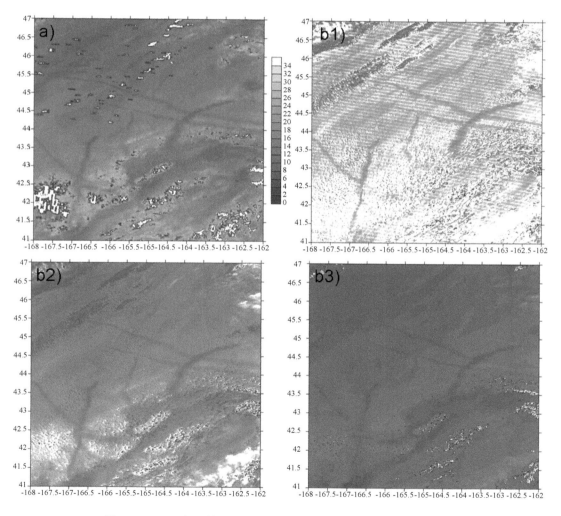

图 5 (a)2011 年 9 月 4 日 21:15(UTC)MODIS 有效粒子半径产品;
(b)2011 年 9 月 4 日 21:45(UTC)FY-3A 反演的有效粒子半径(单位:μm),
(b1)MERSI 的 1.64 μm 通道,(b2)MERSI 的 2.13 μm 通道,(b3)VIRR 的 3.7 μm 通道

鉴于图 5b1 与图 5a 有效粒子半径反演结果的明显差异,首先考虑 FY-3A/MERSI 的 1.64 μm 通道原始探测数据的准确性问题。对比图 5a MODIS 和图 4b1 FY-3A 同为 1.64 μm 通道的观测结果发现,在色标一致的情况下,图 4a1 与图 4b1 存在着一定的差异,图 4b1 偏暗,也就是说这一个例 FY-3A/MERSI 的 1.64 μm 通道的反射率整体上小于 MODIS 同一通道的观测结果,从而造成 FY-3A 反演的有效粒子半径明显偏大。这一方面源于 MERSI 与 MODIS 的 1.64 μm 通道的光谱响应函数不完全相同,另一方面可能与 FY-3A/MERSI 1.64 μm 近红外通道制造方面的杂散光及后期的定标有关,在以后的工作中将采集一批样本进行试验分析,以期得到更具普遍意义的结果。

而对于图 5b3 与图 5a 反演结果的差异,除了考虑定标精度问题外,另外一个重要因素就是 3.7 μm 通道反演时受云顶小粒子存在的垂直非均一性影响最大,利用这一通道单独进行反演时,精度要低于 MODIS 利用 0.645 μm、2.13 μm、3.75 μm 三个通道的联合反演结果。

4 结论与讨论

本文利用 SBDART 辐射传输模式建立了在不同的散射几何参数、不同地表类型、不同大气层结、不同水云参数条件下 FY-3A/MERSI 上 1.64 μm、2.13 μm 和 VIRR 上 3.7 μm 通道反射率与有效粒子半径关系的查算表,定量分析了上述三个通道对有效粒子半径的敏感性,初步得到以下结论:

(1)在取值上,对于同样的云参数设置,1.64 μm、2.13 μm、3.7 μm 三个通道反射率依次减小。

(2)当云光学厚度较大时,在对大粒子的敏感性上,1.64 μm 通道最高,2.13 μm 通道略次之,3.7 μm 通道要明显减弱。

(3)当云光学厚度较小时,3.7 μm 通道反射率较之其他两个通道能在一定程度上更好的体现粒子大小的差异。

然后,利用三个通道反射率反演得到的有效粒子半径,成功观测到轮船污染对海洋层积云微物理特性造成的影响,其反演特征印证了辐射传输模式的分析结论。最后将三个通道的反演结果与 MODIS 有效粒子半径反演产品进行比较,发现:虽然两颗卫星采用不同的观测仪器及数据预处理方法,并且观测时间上也存在差异,但有效粒子半径的大小分布特征仍存在较高的一致性,其中 2.13 μm 通道的反演结果与 MODIS 相关性较高。

在以后的反演工作中,如果以 2.13 μm 通道为主,并结合 1.64 μm、3.7 μm 两个通道的优势,取长补短,将对不同光学厚度和有效粒子半径的云型都达到最佳的反演效果。

本文主要是针对垂直方向均一分布的水云进行有效粒子半径的反演研究,鉴于云相态对辐射值的重要影响,研究结果不适用于混合相或冰相云的分析,关于冰云的有效粒子半径反演以及垂直非均一性的研究将在下一步的工作中进行探索。

参考文献

[1] Rosenfeld,D. Suppression of rain and snow by urban and industrial air pollution. *Science*,2000,**287**(5459):1793-1796.

[2] Twomey S,Cocks T. Remote sensing of cloud parameters from spectral reflectance in the near-infrared.

Beitr Phys Atmos，1989，**62**：172-179

［3］ King M D，Tsay S C，and Platnick S E，*et al*. Cloud retrieval algorithms for MODIS：Optical thickness，effective particle radius，and thermodynamic phase. NASA Goddard Space Flight Center，p8，1997.

［4］ Nakajima T，King M D. Determination of the optical thickness and effective particle radius of clouds from reflected solar radiation measurements. Part Ⅰ：Theory. *J. Atmos. Sci.*，1990，**47**（15）：1878-1893.

［5］ Nakajima T，Spinhirne J D，Radke L F. Determination of the optical thickness and effective particle radius of clouds from reflected solar radiation measurements. Part Ⅱ：Marine stratocumulus observations. *J. Atmos. Sci.*，1991，**48**：728-750.

［6］ Nakajima T Y，Nakajima T. Wide-area determination of cloud microphysical properties from NOAA AVHRR measurements for FIRE and ASTEX regions. *J. Atmos. Sci.*，1995，**52**：4043-4059.

［7］ Nakajima T Y，Suzuki K，and Stephens G L. Droplet growth in warm water clouds observed by the A-Train. Part I：Sensitivity analysis of the MODIS-Derived cloud droplet sizes. *J. Atmos. Sci.*，2010，**67**：1884-1896.

［8］ 刘健，董超华，张文建. 利用 FY-1C 资料反演水云的光学厚度和粒子有效半径. 红外与毫米波学报，2003，**22**(6)：436-440.

［9］ 周毓荃，陈英英，李娟，等. 利用 FY-2C/D 静止卫星等综合观测资料联合反演云宏微观物理特性参数产品及初步检验. 气象. 2008，**34**(12)：27-35.

［10］ 陈英英，周毓荃，毛节泰，等. 利用 FY-2C 静止卫星资料反演云粒子有效半径的试验研究. 气象，2007，**33**(4)：29-34.

［11］ Ricchiazzi P，Shiren Yang，and Cautier C，*et al*. SBDART：A Research and Teaching Software Tool for Plane-Parallel Radiative Transfer in the Earth's Atmosphere. *Bulletin of the American Meteorological Society*，1998，**79**：2101-2144.

［12］ King M D，Kaufman Y J，Menzel W P，*et al*. Remote sensing of cloud，aerosol，and water vapor properties from the Moderate Resolution Imaging Spectrometer（MODIS）. *IEEE Trans Geosci Remote Sensing*，1992，**30**：1-27.

［13］ Coakley J A，Bernstein R L，and Durkee P R. Effects of ship-stack effluents on cloud reflectivity. *Science*，1987，**237**：1020-1022.

［14］ Rosenfeld D，and Gutman G. Retrieval microphysical properties near the tops of potential rain clouds by multispectral analysis of AVHRR data. *J. Atmos. Res.*，1994，**34**：259-283.

TRMM-3B43 降水产品在新疆地区的适用性研究

卢新玉[1,2]　　魏　鸣[1]　　王秀琴[3]　　向　芬[4]

(1. 南京信息工程大学大气物理学院,南京 210044;2. 新疆维吾尔自治区气象台,乌鲁木齐 830002;
3. 昌吉州气象局,昌吉 831100;4. 湖北省气象信息与技术保障中心,武汉 430074)

摘　要:利用 1998—2013 年热带降雨测量计划卫星(Tropical Rainfall Measuring Mission,TRMM) 3B43 月降水量产品与新疆区域所有 105 个国家站的降水观测结果,通过统计分析分别在年、季和月尺度上进行验证。结果表明:TRMM 3B43 估算的年降水量在新疆地区与实测降水具有很高的一致性,平均偏高 5.29%;TRMM 3B43 与气象站点的季尺度降水数据拟合优度较高,各季拟合优度差别不大,相关系数均在 0.7 以上,呈现出春、秋季节降水低估,夏、冬季节降水高估现象; TRMM 3B43 的月数据与站点实测降水数据拟合优度 $R^2 = 0.5628$,相关系数 $R = 0.75$,表明两者之间相关性显著,数据精度较高,其中拟合效果最好的是 11 月($R^2 = 0.62$),最差的是 6 月($R^2 = 0.45$);就单个站点而言,大部分站点相关系数较高,误差较小,但塔什库尔干、米泉、阿克达拉、阿拉山口、鄯善、温泉、于田等站相关系数较低,误差相对较大,分析各站点的相对误差可知,大部分站点(60%)相对误差在 ±30% 以内,整体拟合相关系数达到 0.81。说明 TRMM 降水数据与台站实测降水一致性较好,但 TRMM 降水产品在时间和空间上具有一定的偏差,具体使用中需要进一步订正。

关键词:高分辨率;热带降雨测量计划卫星(TRMM) 3B43 数据;降水;新疆地区

1　引言

　　降水是水循环过程中的一个关键交换过程,大尺度降水估测在各个领域都有着广泛的应用,如数值天气预报、气候模式、气候诊断等研究中都需要精确的降水估测,而降水的高时空变化是影响降水估测精度的主要原因。遥感数据和地面观测数据具有各自的优势与不足,遥感数据测量的面积大,但测量是瞬间测量,数据的准确性需要验证;地面站点测量数据是一个单点的连续测量,在面上缺乏代表性,而从一个长时间序列上分析,两者应有一致的相关性。传统雨量计观测网在一定区域提供了相对精确的降水量测量,而卫星遥感数据则在地面气象观测数据缺乏的地区显示出较强的优越性,利用雨量计观测数据对遥感数据进行准确性检验,对全面了解地区降水的时空分布具有重要意义。

　　热带降雨测量计划卫星(Tropical Rainfall Measuring Mission,TRMM)是世界上第一颗搭载测雨雷达的卫星,除测雨雷达外还携带了微波成像仪、可见光和红外扫描仪、云和地球辐射能量系统以及闪电成像传感器等探测仪器,其中,测雨雷达与微波成像仪相结合首次提供了三维降水分布信息,结合可见光和红外扫描数据,极大改善了降水反演精度。星载雷达降水反演成为当前降水反演研究中一个重要的研究领域[1]。TRMM 3B43 产品由 4 类相互独立的降水数据综合而成,包括微波、近红外等传感器融合估算数据,美国国家海洋和大气管理局以及全球降水气候中心的降水雨量计分析数据等,是卫星数据结合其他降水数据源联合反演的最佳降水率产品[2]。本文选用了 1998—2013 年 TRMM 3B43 月时间尺度、0.25°×0.25°空间分辨率的降水产品。由于 TRMM 卫星在 2014 年年底燃料已用完,2014 年只有前几个月的数据,因此数据选取截止到 2013 年 12 月。2011 年 6 月 30 日 TRMM 降水产品的反演算法由 V6 版本升级为 V7 版本,发布的数据产品精度进一步提高[3],以此数据为基础,全面分析新疆地区降水的空间格局和季节分布特征。基于 TRMM 测雨产品的成功,2014 年 2 月又发射了 GPM(Global Precipitation Measurement)卫星,这是由一颗主卫星和 8 颗小卫星组成的一个卫星群,从而实现 3 小时覆盖全球的观测,其南北纬 65°的覆盖范围使新疆地区成为重要的研究区域,深入分析 TRMM 测雨产品及 GPM 测雨产品在新疆地区的适用性对于评估新疆地区水资源分布具有重要意义。

TRMM 卫星从 1997 年 11 月发射至今已积累了 17 年的降水数据,国内外学者在 TRMM 数据的精度验证方面做了大量研究[4~12],但对新疆区域的研究还较少。季璇等[13]利用 TRMM 3B42 日降水产品对新疆中天山区域进行了精度验证,指出 TRMM 3B42 数据对日降水事件的估计准确率较低,TRMM 3B42 降水产品的质量总体上不高;王晓杰[14]等,利用 TRMM 3B43 产品对天山及周边地区做了适用性研究,得出 TRMM 月降水产品在天山山区有很好的适用性;杨艳芬[15]等,利用 TRMM 3B42 日数据对西北干旱区进行了精度验证,指出 TRMM 遥感降水数据在西北干旱区难以直接应用,需要进一步纠正处理。但上述研究工作多是运用 TRMM 日降水数据,对于月尺度降水产品只在天山及周边地区进行了研究,得出的结论也不尽相同,而利用 TRMM 3B43 V7 月降水产品对新疆其他区域以及整个新疆地区的研究还未见到。因此本文拟在新疆全区内台站降水观测的基础上,对比分析 1998—2013 年 TRMM 数据在时间和空间上的精度,为新疆地区降水研究提供信息来源。

2　研究区概况

以新疆维吾尔自治区全区为研究对象,其地形特点是:山脉与盆地相间排列,盆地被高山环抱,俗喻"三山夹两盆"。北为阿尔泰山,南为昆仑山,天山横亘中部,把新疆分为南北两半,南部是塔里木盆地,北部是准噶尔盆地。新疆属典型的温带大陆性干旱气候,年均降水量 155 mm。区内山脉融雪形成众多河流,绿洲分布于盆地边缘和河流流域,绿洲总面积约占全区面积的 5%,具有典型的绿洲生态特点。气象站点分布与区域高程如图 1 所示。

3　数据与方法

3.1　数据来源

本研究中的 TRMM 3B43 V7 遥感数据来自于美国 NASA 网站(http://storm-pps. gsfc. nasa. gov/storm)公布的月降水产品,空间分辨率为 0.25°×0.25°,空间范围为 180°W—180°E,50°N—50°S,时间间隔为 1 个月,TRMM 3B43 为 TRMM 数据的 3 级产品,是在 2 级产品的基础上经过空间和时间平均后得到的,V7 为 TRMM 产品的最新降水反演版本;气象台站的月降水资料由新疆气象局信息中心提供,时间尺度与遥感数据一致,图 2 为气象台站的年降水量以及 2,7 月的月降水量。

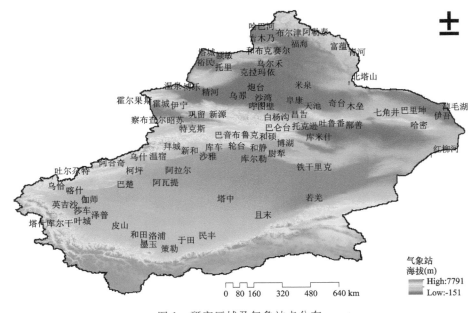

图 1　研究区域及气象站点分布

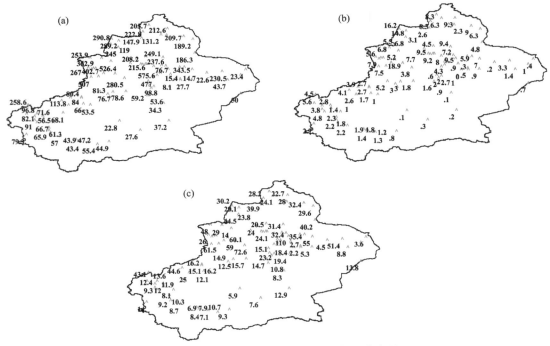

图 2　台站年降水量(a)、2 月(b)、7 月(c)的月降水量(mm)

3.2　数据处理及精度评价方法

　　每个 TRMM 3B43 V7 数据产品均有降水率和相对误差 2 个数据集,存储格式为 HDF,运用 IDL 语言读取与气象台站地理位置相对应的 3B43 降水率,再分别乘以各月的总小时数将其转换为月降水量数据,然后用相对误差 δ、相关分析 R、均方根误差 $RMSE$ 等统计方法对观测值与 TRMM 数据进行分析,公式分别为

$$\delta = \frac{\sum (x_i - y_i)}{\sum y_i} \times 100\% \qquad (1)$$

$$R = \frac{\sum (x_i - \overline{x})(y_i - \overline{y})}{\sqrt{\sum (x_i - \overline{x})^2 \sum (y_i - \overline{y})^2}} \qquad (2)$$

$$RMSE = \frac{\sqrt{\frac{1}{n} \sum (x_i - y_i)^2}}{\frac{1}{n} \sum y_i} \qquad (3)$$

式中 $\overline{x} = \frac{1}{n} \sum\limits_{i=1}^{n} x_i$; $\overline{y} = \frac{1}{n} \sum\limits_{i=1}^{n} y_i$; n 为样本容量; x_i, y_i 分别为 TRMM 3B43 降水数据和气象站观测数据。

4   结果与分析

4.1   总体精度评价

综合分析 TRMM 数据在整个新疆区域的精度。将新疆区域 105 个站点的实测各年月数据与其对应地理位置的 TRMM 降水数据进行对比,其散点趋势如图 3 所示。

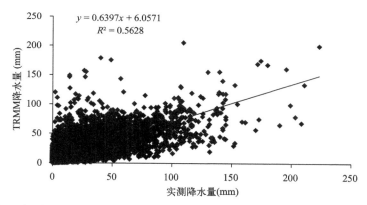

图 3   新疆地区 1998—2013 年 TRMM 3B43 与地面观测站降水量散点趋势

由图 3 可以看出,TRMM 3B43 与气象台站观测数据的拟合优度决策系数 $R^2 = 0.5628$,相关系数 $R = 0.75$,并通过了置信度 0.01 的检验,说明 TRMM 3B43 与观测数据之间具有显著的线性相关关系。从检验结果可知,TRMM 3B43 数据在整体上具有较好的精度。

4.2   年降水量检验

将 TRMM 月降水数据与新疆地区所有站点实测降水的数据统计为年降水数据并做时间序列图,在年时间尺度上对 TRMM 降水的精度进行对比,如图 4 所示。

由图 4 可以看出,新疆地区 1998—2013 年期间,除 2001 年 TRMM 年均降水比站点的实测降水略偏低外,其余年份均高于实测降水,平均偏高 9 mm,但 TRMM 降水与站点实测降水的总体变化趋势一致。

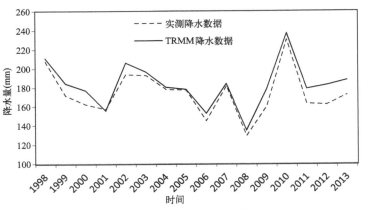

图 4　TRMM 与站点观测多年平均降水对比(1998—2013)

4.3　季降水量检验

　　新疆地区为温带大陆性干旱气候,降水稀少,季节分配不均,夏季降水多于冬季。为进一步分析季节的不同是否对 TRMM 降水产品的反演带来差异,对 TRMM 降水数据进行各季节精度验证。把整个研究区 105 个地面气象站点 16 年的降水数据按春季(3—5 月)、夏季(6—8 月)、秋季(9—11 月)、冬季(12—翌年 2 月)进行计算,并与同期的气象站降水数据进行线性拟合,结果如图 5 所示。

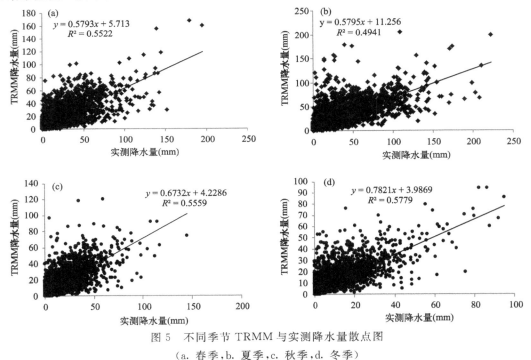

图 5　不同季节 TRMM 与实测降水量散点图

(a. 春季,b. 夏季,c. 秋季,d. 冬季)

　　由图 5 可以看出,春、秋、冬季拟合度相当,夏季的拟合优度最低($R^2 = 0.494$),但总体来看四季拟合度相差不大。从表 1 中明显看出,大降水量主要发生在夏季,而夏季也产生最大的 RMSE(57.39 mm),降水最少的冬季产生最大的偏差(7.35 mm)。

表 1　不同季节 TRMM 与实测降水误差统计

	春	夏	秋	冬
相关系数	0.74	0.7	0.75	0.76
观测均值（mm）	45.97	70.72	34.3	21.14
TRMM 均值（mm）	43.77	74.75	35.78	28.49
偏差（mm）	−2.2	4.03	1.48	7.35
观测标准差（mm）	60.59	79.35	44.04	29.6
TRMM 标准差（mm）	47.23	65.41	39.77	30.45
均方根误差（mm）	40.66	57.39	30.19	22.07

4.4　月降水量检验

将 1998—2013 年 TRMM 逐年逐月降水数据与对应站点实测的月降水数据制作成降水时序图，如图 6 所示。

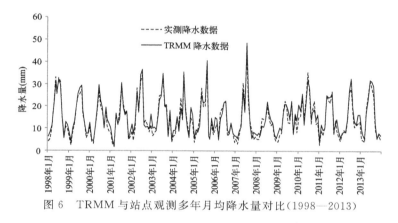

图 6　TRMM 与站点观测多年月均降水量对比（1998—2013）

由图 6 可以看出，总体变化趋势是一致的，在降水量较少的 1—2 月和 11—12 月 TRMM 降水数据普遍大于站点实测降水量，其中 1 月和 12 月多年平均差值近 3 mm。

从图 7 中可以明显地看出，春季和 9—10 月 TRMM 降水数据小于实测降水，其余月份 TRMM 降水数据均大于实测降水，表现出在春、秋季易出现雨、雪转换频繁的情况下，TRMM 降水数据产生低估现象，而夏季、冬季降水相态稳定的时期 TRMM 降水数据又会出现高估现象，这有待进一步分析产生的原因，从而提高 TRMM 降水产品的反演精度。

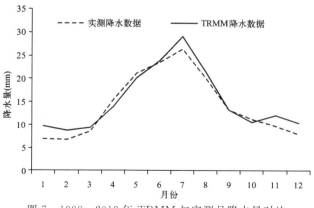

图 7　1998—2013 年 TRMM 与实测月降水量对比

　　从图 8 可以看出,拟合效果较好的为 1、10、11、12 月,拟合度分别为 0.6,0.57,0.63,0.59,相应的相关系数均在 0.75 以上,表现出很好的一致性。其他月份拟合度都在 0.5 左右,拟合度最差的为 6 月(0.45),相关系数 0.67。

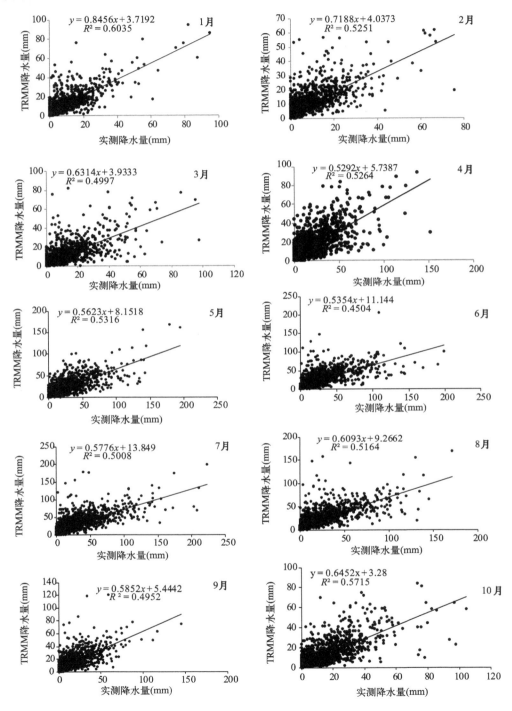

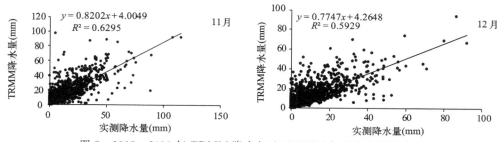

图 8　1998—2013 年 TRMM 降水与地面观测站各月降水量散点图

4.5　数据个体精度检验

从月、季及年尺度降水的检验结果可知,TRMM 3B43 降水数据在整体上精度较高,但整体检验只能说明总的趋势一致,掩盖了少数站点数据与对应 TRMM 3B43 降水数据之间的差异,尤其是降水作为离散的气象要素,本身要受到很多因素如地形、经纬度、海拔、坡度、坡向、大气环流、海陆位置等的影响。因此,仅仅对降水数据进行总体精度评估是不够的,还需对各个站点进行验证。将 105 个气象站点 1998—2013 年实测月降水数据分别与其对应的 TRMM 3B43 降水数据作相关分析,得到 TRMM 3B43 数据与气象站点之间的相关系数分布图,如图 9 所示。

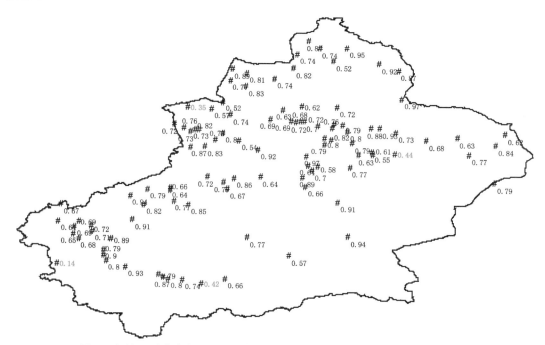

图 9　台站观测降水与 TRMM 降水相关系数分布(小于 0.5 的用红色显示)

由图 9 可知:①大部分气象站点的月降水实测数据与 TRMM 3B43 的月降水数据之间的相关性较好(0.6～0.9),进一步证明了 TRMM 月降水数据在整个新疆地区具有普遍的适用性;②气象站点实测数据与 TRMM 月降水数据之间的相关系数表现出不均匀性,有 4 个站在 0.5 以下,分别是塔什库尔干(0.14)、于田(0.42)、温泉(0.35)、鄯善(0.44),说明该站点实测的降水与 TRMM 月降水之间的相关性较差,其中塔什库尔干的相关系数最小,呈现出无相关性,这可能与该站点所处的局部地势地貌有关,塔什库尔干处于高海拔地区,地形起伏明显,海拔为 3014～5456 m,该站点的高程为 3093.7 m,从高程图上可以看出在以该气象站点为中心的 625 km² 内,该站处于相对较低的位置,而在气象站西南与东北区域海拔均在 4 000 m 以上,地势高度整体呈现为 S 型。由于 TRMM 卫星主要针对热带低纬度地区进行观测,因此在中高纬度联合其他探测仪器进行的降水反演表现出不确定性[12]。另外,由于 TRMM 数据一个像素代表 625 km² 面积上的降水总体信息,而气象站点实测降水数据不能全面代表站点周围的降水状况,地势越复杂则代表性就越差。

相关系数能够反映站点实测降水数据与 TRMM 月降水数据之间相关性的大小,却容易掩盖 2 种降水数据之间实际的误差程度,这也说明研究相对误差的重要意义[16]。基于此,利用式(2)计算各站点的相对误差(图 10)。

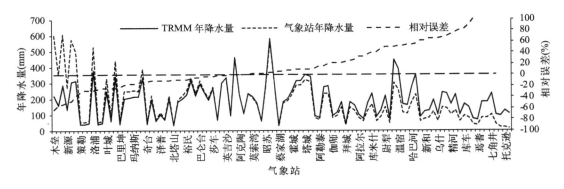

图 10　气象站点与 TRMM 降水对应像元年平均降水量对比(1998—2013)

由图 10 可知:

(1)在 105 个实测气象站点中,天池、木垒及小渠子等 41 个站点的相对误差小于 0,说明这些站点的 TRMM 月降水数据小于实测站点降水,卫星降水数据存在一定的低估。托克逊、吐鲁番、七角井等 64 个气象站点的相对误差大于 0,表示这些站点的 TRMM 月降水数据比实测站点降水要高,卫星降水数据存在一定程度上的高估。

(2)各相对误差统计情况如表 2 所示,在 105 个实测气象站点中,有 48 个气象站点相对误差在 20％以内,说明这些气象站点的 TRMM 月降水数据与实测站点降水差异较小,一定程度上能够反映出 TRMM 降水数据的准确性。

表 2　TRMM 与台站实测年降水量相对误差统计

误差范围	站数
＜±10％	31
±(10％～20％)	17
±(20％～30％)	15
±(30％～40％)	6
±(40％～50％)	6
＞±50％	30

（3）各实测气象站点之间的相对误差具有不均匀性，差异明显。其中莎车、额敏、伊宁、英吉沙、特克斯、富蕴、阿克陶及沙湾8个气象站点的相对误差在±1%以内，说明TRMM月降水数据和气象站点实测降水之间有非常好的一致性。而超过±50%误差的站点也达到了30个，尤其是鄯善、焉耆、和静、塔什库尔干、七角井、吐鲁番、托克逊7个站误差超过了100%，说明在这些站点TRMM降水数据的高估超过一倍，而通过计算该7个站的年平均降水量只有45 mm，而误差在—40%以上的天池、木垒、小渠子、米泉、新源、白杨沟6个站的年平均降水量则达482 mm，均位于新疆降水比较充沛的地区，证明了TRMM降水数据在降水较少区域容易高估降水，而在降水量较多区域容易低估降水的现象，这也与吴雪娇等[17]的研究一致。

图11给出了全疆105个气象站的年降水量与对应的TRMM年降水数据的散点图。

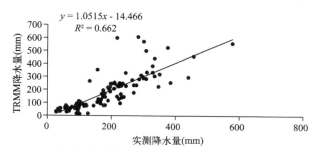

图11　1998—2013年新疆区域105观测站与TRMM 3B43年降水量散点趋势

从图11可以看出，虽然通过上述分析相对误差在±30%以上的站点占到全疆国家站的40%，但其拟合相关系数却达到了0.81，而且无论从整体精度评价、年降水量、季降水量，还是月降水量检验，都说明TRMM降水数据与台站实测降水具有很好的一致性，这也说明TRMM降水产品的偏差在时间和空间上具有一定的规律性，在具体使用中需要进一步订正处理[11]。

5　结论

利用1998年—2013年TRMM 3B43月降水量产品与新疆区域所有105个国家站的降水观测结果，通过统计分析分别在年、季和月尺度上进行验证，得到以下结论。

（1）TRMM 3B43估算的年降水量在新疆地区与实测降水具有较高的一致性，平均偏高5.29%。

（2）TRMM 3B43与气象站点的季尺度降水数据拟合优度较高，各季拟合优度差别不大，相关系数均在0.7以上，呈现出春、秋季节降水低估，夏、冬季节降水高估现象。

（3）TRMM 3B43的月数据与站点实测降水数据拟合优度$R^2=0.5628$，相关系数$R=0.75$，表明二者之间相关性显著，数据精度较高，其中拟合效果最好的是11月（$R^2=0.6295$），最差的是6月（$R^2=0.4504$）；

（4）对105个气象台数据准确性逐个进行分析，发现大部分站点相关系数较高，误差较小，但塔什库尔干、米泉、阿克达拉、阿拉山口、鄯善、温泉、于田等站相关系数较低，误差相对较大；从各站点的相对误差分析得到，大部分站点（60%）相对误差在±30%以内，整体拟合相关系数达到了0.81。

6　讨论

本文将全疆 105 个国家站都作为检验站点,每个站点的海拔、下垫面类型、地理环境等都有所不同,都会影响到 TRMM 产品反演结果的准确性。V7－3B43 产品是 TRMM 卫星与其他卫星联合反演的降水产品,包括 SSM/I、AMSR-E、AMSU－B 微波降水以及全球降水气候计划(GPCP)的红外降水估值,而微波遥感更易受不同地表类型的影响,且 TRMM 3B43 月降水产品一个格点就代表了 625 km² 面积上的平均降水量,因此地面站点是否能够代表该网格的降水量需要根据不同的海拔、下垫面类型进行深入分析,这也是下一步需要深入研究的内容。

参考文献

[1]　刘元波,傅巧妮,宋平,等. 卫星遥感反演降水研究综述. 地球科学进展,2011,**26**(11):1162-1172.

[2]　Huffman G J, Bolvin D T, Nelkin E J, et al. The TRMM multi-satellite precipitation analysis (TMPA): Quasi-global, multiyear, combined-sensor precipitation estimates at fine scales. *Journal of Hydrometeorology*,2007,**8**(1):38-55.

[3]　George J, Huffman, David T. Bolvin. TRMM and Other Data Precipitation Data Set Documentation. ftp://precip.gsfc.nasa.gov/pub/trmmdocs/3B42_3B43_doc.pdf

[4]　Saber Moazami, Saeed Golian, M. Reza Kavianpour, et al. Comparison of PERSIANN and V7 TRMM Multi-satellite Precipitation Analysis (TMPA) products with rain gauge data over Iran. *International Journal of Remote Sensing*,2013,**34**(22):8156-8171.

[5]　骆三,苗峻峰,牛涛,等. TRMM 测雨产品 3B42 与台站资料在中国区域的对比分析. 气象,2011,**37**(9):1081-1090.

[6]　齐文文,张百平,庞宇,等. 基于 TRMM 数据的青藏高原降水的空间和季节分布特征. 地理科学,2013,**33**(8):999-1005.

[7]　朱国锋,蒲焘,张涛,等. TRMM 降水数据在横断山区的精度. 地理科学,2013,**33**(9):1125-1131.

[8]　杨立娟,武胜利,张钟军. 利用主被动微波遥感结合反演土壤水分的理论模型分析. 国土资源遥感,2011,**23**(2):53-58.

[9]　吕洋,杨胜天,蔡明勇,等. TRMM 卫星降水数据在雅鲁藏布江流域的适用性分析. 自然资源学报,2013,**28**(8):1414-1425.

[10]　曾红伟,李丽娟. 澜沧江及周边流域 TRMM 3B43 数据精度检验. 地理学报,2011,**66**(7):994-1004.

[11]　刘三超,柳钦火,高懋芳. 地基多波段遥感大气可降水量研究. 国土资源遥感,2006,**70**(4):6-9.

[12]　Karaseva M O, Prakash S, Gairola R M. Validation of high-resolution TRMM-3B43 precipitation product using rain gauge measurements over Kyrgyzstan. *Theor. Appl. Climatol.*, 2012,**108**:147-157.

[13]　季漩,罗毅. TRMM 降水数据在中天山区域的精度评估分析. 干旱区地理,2013,**36**(2):253-262.

[14]　王晓杰,刘海隆,包安明. TRMM 降水产品在天山及周边地区的适用性研究. 水文,2014,**34**(1):58-64.

[15]　杨艳芬,罗毅. 中国西北干旱区 TRMM 遥感降水探测能力初步评价. 干旱区地理,2013,**36**(3):371-382.

[16]　嵇涛,杨华,刘睿,等. TRMM 卫星降水数据在川渝地区的适用性分析. 地理科学进展,2014,**33**(10):1375-1386.

[17]　吴雪娇,杨梅学,吴洪波,等. TRMM 多卫星降水数据在黑河流域的验证与应用. 冰川冻土,2013,**35**(2):310-319.

风云卫星资料在湖北暴雨定量
预报方法中的应用研究[①]

徐双柱[②]　吴　涛　张萍萍　王继竹　董良鹏

(武汉中心气象台,武汉 430074)

摘　要:根据 2010—2014 年风云 2 号(FY-2)和风云 3 号(FY-3)气象卫星资料,结合雷达资料、常规观测资料和数值预报产品等,利用多阈值法、面积重叠法进行了湖北省暴雨云团的识别跟踪和临近预报方法研究;利用配料法进行了湖北省 6 小时暴雨短时预报方法研究。建立了以网页形式的风云系列卫星资料的暴雨监测预报业务系统,定量监测和预报预暴雨的发生、发展。2014 年应用检验结果表明,该系统对于湖北省暴雨的监测和预报有指导作用。

关键词:风云静止与极轨卫星;暴雨;监测;预报

1　引言

卫星遥感资料具有观测范围广、时空分辨率高等特点,目前是暴雨、强对流等灾害性天气监测预警预报的主要数据源。Maddox[1]根据卫星观测提出了 MCC 的生命史概念,将对流划分为生成、发展、成熟和消亡阶段。费增坪等[2]给出了一种基于图像处理和时间序列分析技术的 MCS 自动识别、存储、追踪和时间序列特征统计方法。刘健等[3]利用多种卫星资料综合分析中尺度暴雨云团特征。方翔等[4]利用 NOAA 卫星 AMSU-B 水汽通道亮温差实现了对深对流云和冲顶对流云的定量判识。研究表明,利用气象卫星资料对暴雨进行观测,能够有效地监测和预报暴雨的形成、移动以及持续时间等[5~9]。随着风云系列气象卫星的发射,我国的气象卫星遥感技术得到了快速的发展,自主卫星产品也日益丰富[10]。武汉中心气象台 2007—2009 年通过风云 3 号 A 星的开发与应用项目,2009—2012 年通过公益性行业科研专项"卫星云图解译技术研究",2013 年以来通过风云三号气象卫星应用系统二期工程应用示范项目等持续性研究工作,卫星资料的应用水平得到明显的提升。本文介绍武汉中心气象台利用风云卫星资料在湖北暴雨定量预报方法中的应用研究。

2　资料

(1)2010—2013 年 6—10 月,2014 年 5—7 月 FY-3A/B 微波湿度计、红外辐射计、中分辨率光谱成像仪各通道产品,FY-2C/D/E 卫星资料。

(2) 2010—2013 年 6—10 月,2014 年 5—7 月地面、高空常规观测资料,湖北省逐小时降水资料,湖北省雷达资料;

①　中国气象局风云三号气象卫星应用系统二期工程应用示范项目、中国南方暴雨预报专家团队共同资助。

②　第一作者:徐双柱,主要从事天气预报和预报技术研究. Email:xsz3180@163.com

（3）2010—2013 年 6—10 月，2014 年 5—7 月欧洲数值预报产品、T639 数值预报产品、日本数值预报产品。

3　暴雨云团识别跟踪和临近预报

关于降水云团的识别，国内研究有许多不同的方法。李森等[11]通过设定指数和通道亮温差阈值，使用"逆向搜索法"获取雷暴云团的轮廓来识别强对流云团。朱亚平等[12]利用微波遥感和光学遥感两种手段，采用多光谱聚类方法，较好地识别出强对流云团。师春香等[13]利用神经网络技术对 AVHRR 云图进行云分类、识别。FY-2 云图资料具有时间分辨率高特点，可以高密度连续监视。与 FY-2 相比，FY-3 云图资料具有空间分辨率高（达到 250 m），探测要素多，如增加了红外大气垂直探测和微波辐射探测等。在处理如何使用 FY-3 和 FY-2 云图资料，采用了同一时间两种云图对比，建立 FY-3 云图资料订正 FY-2 云图资料关系。武汉中心气象台采用的暴雨云团识别跟踪方法是基于 FY-2 参考 FY-3 云图资料识别对流云团轮廓，结合地面雨量和雷达资料计算云团特征量，识别跟踪云团生命史状态，并进行临近预报。

3.1　多阈值法识别云团

在卫星云图中，中尺度对流系统 MCS（以下简称云团）表现为云顶亮温值低于一定阈值的连续区域，并且该区域面积应满足一定阈值。云团识别就是识别出该区域，通常以轮廓码描述其外形，其中 Freeman 链码表最为常见。freeman 链码是用曲线起始点的坐标和边界点方向代码来描述曲线或边界的方法。为了便于查找云团内部任意位置的亮温值，使用线段码表示整个区域，该线段码可由 Freeman 链码转换而来。轮廓码主要用来计算云团的几何参数（如椭圆参数）及保存外形，线段码主要用来计算与云团亮温有关的物理参数，如平均亮温、最低亮温等。

相对于单阈值法识别云团技术，多阈值法具有多组阈值，每组阈值由亮温和面积组成，分别对应于识别云团的温度和面积要求。阈值级别越高，其亮温越低、面积值越小。在初次识别的云团区域内，先用高级别亮温阈值识别出强中心，然后从强中心区域开始扩展云团范围，一直扩展至亮温满足下一级别亮温阈值的区域或至另一个子云团的边界，对该区域进行面积检测后进入下一级别阈值的云团区域识别。最后，由中心区域扩展后的区域即为子云团的范围（图 1）。

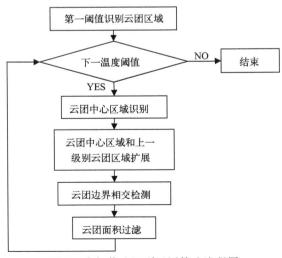

图 1　多阈值法识别云团算法流程图

3.2 云团跟踪

云团跟踪实现对不同时次云图上的同一云团进行关联。武汉中心气象台采用了目前较为成熟的面积重叠法识别相邻时次同一云团,即相邻时次两个云团的重叠程度越大,则为同一云团的可能性就越高,同一云团所对应 R_i 值最大。

$$R_i = \frac{M_i(t+1) \bigcap N(t)}{M_i(t+1)}$$

$M_i(t+1)$、$N(t)$ 分别表示 $t+1$、t 时刻的云团范围。

云团演变过程中经常会发生合并(或分裂)现象,造成正常一对一的匹配不具有唯一性,对其进行识别也能为预报员提供更多的信息。采用面积重叠程度识别这一现象,如一个云团同时与几个云团有面积重叠,且重叠程度必须满足一定条件,则认为云团出现合并、分裂,重叠程度最大的云团为上一个云团的延续,不需重新分配云团编号,其余云团为消亡(或新生)云团。因此,根据云团识别跟踪结果,云团可划分为初始、演变、消亡、合并、分裂共 5 种状态。通过对云团进行跟踪,可获取云团发生发展过程中的历史演变信息,如移动路径、云顶亮温变化等,为云团生命史分析及短时临近预报提供依据。

3.3 云团 3 小时最大降雨量预报

收集 2011—2013 年云团共 435 个历史个例,提取云团特征量以及未来 3 小时内最大降水量,建立训练数据集。为确保云团与降水的对应关系,要求预报时段内云团未发生分裂、合并现象,同时为避免云团移出湖北省后无法获取雨量数据从而影响训练结果,对于一般降水云团要求最低云顶亮温位于湖北省境内,且生命史≥3 小时。

基于训练数据集,采用逐步线性回归方法建立云团 3 小时最大雨量预报方程。候选因子包括最低亮温、平均亮温、最大梯度、平均梯度、亮温低值(≤−50℃)区面积、云团面积、过去 1 小时最大雨量、过去 1 小时平均雨量、组合反射率因子、回波顶高、垂直累积液态含水量。经 5% 置信度检验后,以最低亮温、平均亮温梯度、1 小时平均降水量、回波顶高作为预报因子建立预报方程。

$$rain = -121.688 - 2.309 \cdot tbbm - 42.935 \cdot tda + 3.405 \cdot rain1h + 2.709 \cdot et$$

其中 tbbm 表示最低亮温,tda 表示平均梯度,rain1h 表示 1 小时平均降水量,et 表示回波顶高。

4 暴雨短时预报

武汉中心气象台 6 小时降水定义为,30.0～49.9 mm 为暴雨,50.0～99.9 mm 为大暴雨,100.0 mm 以上为特大暴雨。

利用 FY-3 卫星提供的相应时次高分辨率微波湿度计和微波成像仪产品、FY-2 卫星多通道探测资料、卫星气象中心下发的相关指导产品以及日本、欧洲中心细网格模式预报相应预报时段的物理量产品,结合地面及高空常规观测资料,对 2010—2013 年 5—9 月 0～6 小时暴雨个例云图资料进行分析,用"配料法"思想建立 0～6 小时暴雨短时预报模型。每日提供 4 次湖北省 6 小时暴雨短时预报(起报时段为北京时 02 时、08 时、14 时、20 时)。

4.1 暴雨配料法

"配料法"是由 Doswell 于 1996 年提出的对于强降水的一种新的预报方法。一般一场强

降水(P)的发生主要与上升速度、水汽供应量以及降水持续时间(D)有关,即

$$P = E\overline{qw}D$$

其中,P 是降水量,q 是比湿,w 是上升速度,E 是比例系数,D 是降水持续时间。

　　研究表明,长江中下游地区暴雨的主要制造者是深的湿对流系统。暴雨系统的发生发展主要受三种基本物理成分的影响:水汽、上升强迫和不稳定。采用诊断分析的方法,从 FY-2、FY-3 卫星产品以及日本、欧洲、T639 数值预报产品中,选取与水汽、上升强迫和不稳定三种基本物理成分相关的最佳"配料"因子,制定合适的"配料"综合指数方程,并通过统计分析的方法,确定 6 小时短时暴雨预报的"配料"综合指数阈值[14](图 2)。

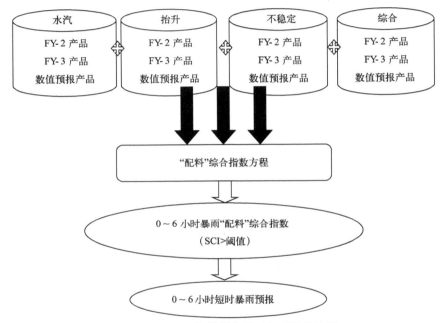

图 2　利用卫星资料制作暴雨短时预报流程

4.2　降水综合指数 SCI

　　表示 0～6 小时降水的"配料"综合指数命名为 SCI(Satellite-based Comprehensive Index)。通过对 2010—2013 年 5—9 月 0—6 小时暴雨个例统计分析得到 SCI 方程如下:

$$SCI = (qqq * (insta + lift1 + lift2 + lift3)/100 + zonghe0)/4$$

其中:

qqq=(rh_850_ec_max-(hs5-273.15))/(1+(t-td)_850_T639_min)

（水汽含量,饱和度）

insta=aki_T639_max-mpv2_850_T639_min+FY-2_grad+FY-2_convec　　　（不稳定）

FY-2_convec=250-(FY-2_tbb) (FY-2_tbb<250k,否则 FY-2_convec=0,表示深对流)

lift1=vor_850_ec_max+div_200_ec_max　　　　　　　　　　　　　　（大尺度抬升）

lift2=vor_850_T639_max-div_850_T639_min　　　　　　　　　　　　（中尺度抬升）

lift3= － qxy_850_T639_min　　　　　　　　　　　　　　　　　　　（垂直运动）

zonghe0=2 • rain_japan_6h+rain_T639_6h-(hs1+meris5)/2　　　　　（降水产品）

其中,max(min)表示 6h 最大值(最小值);rain_6h 表示 6 小时的降水总和;rh_850_ec 表示 850 hPa 欧洲数值预报相对湿度;aki_T639 表示 T639 K 指数;mpv2 表示湿位涡斜压项;vor、div 表示涡度、散度;qxy 表示 q 矢量散度;rain_japan_6h 表示日本数值预报模式 6 小时雨量;FY-2_grad 表示 FY-2 卫星亮温梯度;hs1,hs5 表示 FY-3 卫星微波湿度计第 1,5 通道亮温值;meris5 表示 FY-3 卫星中分辨率光谱成像仪第 5 通道亮温。

通过对 2010—2013 年 5—9 月 0~6 小时暴雨个例统计分析,当降水综合指数 SCI 大于 45 时,未来 0~6 小时将有暴雨(≥30 mm)出现。

5 应用实例

2004 年 6 月 1 日受 500 hPa 河套低槽东移影响在湖北东部形成暴雨云团,造成湖北东部出现较大范围的短时强降水。武汉中心气象台研制的卫星资料监测和预报暴雨的业务系统准确识别跟踪这次暴雨云团的形成和发展(图 3),并做出了准确 6 时暴雨短时预报。

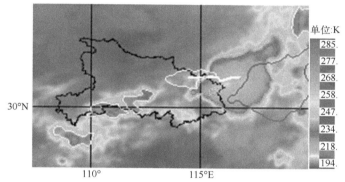

图 3 2014 年 6 月 1 日 08 时红外云图和 05—08 时暴雨云团识别跟踪
(白色粗线为云团移动路径,白(绿)色闭合线分别为 05 时和 08 时识别的
云团轮廓,蓝色闭合线为云团 3 小时预报轮廓,蓝色点表示
降水≥20 mm/h 站点,右端色标单位:K)

2004 年 6 月 1 日 05 时,鄂东北有单个对流云团发展,如图 3 白色闭合线,随后云顶亮温降低,亮温低值区范围扩大,成熟时外形呈圆形,边缘较平滑,东移南压过程中云团后向发展明显,呈现指状特征。卫星资料监测和预报暴雨的业务系统正确识别该暴雨云团范围以及跟踪暴雨云团移动路径,如图 3 中的白色粗线为云团中心移动轨迹,结合湖北多部雷达拼图资料记录下其云团演变的特征(表 1)。该云团平均云顶亮温为 203.8 K、最大亮温梯度为 3.43 K/km、平均亮温梯度为 0.75 K/km、亮温低值区(≤223 K 亮温)面积为 29368 km²、最大雷达组合反射率因子为 46.25 dBZ、回波顶高为 14 km、最大累积液态含水量为 10 kg/m²。

进一步分析所监测到的暴雨云团特征量的演变(表 1),发现该云团最低云顶亮温主要位于 203 K 附近,这与 2010—2013 年历史资料统计结果较一致,即长江流域暴雨云团最低云顶亮温 90%出现在 203 K 附近,最大亮温梯度大于历史资料统计结果(2010—2013 年历史统计值为 2 K/km),亮温低值区(≤223 K 亮温)面积也大于历史资料统计结果(2010—2013 年历史统计值为 10000 km²),表明该云团发展非常旺盛,实况降水资料表明该云团造成降水强度超过 30 mm/h,最大达到 59.2 mm/h。暴雨云团最低云顶亮温演变经历了先降后升的过程,面积演变趋势为先增大后缩小,尤其在暴雨云团消亡时其面积快速下降。

表 1　2014 年 6 月 1 日湖北省暴雨云团识别跟踪特征量

时间	最低亮温（K）	最大亮温梯度（K/km）	平均亮温梯度（K/km）	≤223 K 亮温面积(km²)	最大组合反射率因子(dBZ)	最大回波顶高（km）	最大累积液态含水量(kg/m²)
05:00	211.6	3.80	1.00	7600.00	45.00	14	5
06:00	202.4	3.40	0.80	19725.00	50.00	14	20
07:00	200.6	3.40	0.70	36475.00	45.00	14	10
08:00	200.6	3.10	0.50	53675.00	45.00	14	5
平均	203.8	3.43	0.75	29368.75	46.25	14	10

2014 年 6 月 1 日 08—14 时,湖北东南部出现短时暴雨(图 4a)。从 09 时 FY-2 卫星红外云图上看鄂东南地区无低亮温云团生成(图 4b),而从 FY-3 卫星微波湿度计 13 通道数据(图 4c)可以看出鄂东南出现明显的低值中心,表明该地区湿层深厚,欧洲数值预报降水预报产品预报鄂东南只有 10～15 mm 的降水(图略),卫星资料监测和预报暴雨的业务系统 6 小时降水客观预报产品预报出鄂东南将出现 30 mm 以上的短时暴雨天气(图 4d),预报与实况基本吻合,同时也可以看出,FY-2、FY-3 卫星资料与数值预报产品有相互补充的作用,配料法能够将 FY-2、FY-3 卫星资料和数值预报产品有机结合,实现了预报与实况较为吻合的客观预报产品。

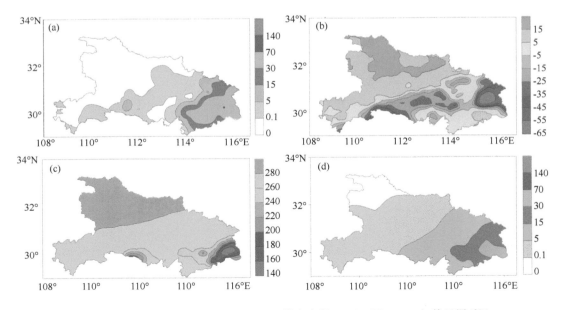

图 4　2014 年 6 月 1 日(a)08:00—14:00 降水实况(mm),(b)09:00 红外云图(℃),
(c)09:00 FY-3 微波湿度计产品(K),(d)6 小时(08:00—14:00)短时预报产品（mm）

6 应用与检验

卫星资料监测和预报暴雨的业务系统实现了风云卫星资料的收集、处理及对各类监测预报产品的集成显示功能,为预报员提供可视化使用界面。所有产品均在统一的 WEB 页面下进行显示,该页面与预报业务应用平台有效结合,实现各类数据资料实时显示、分析。2014 年5 月开始在湖北省地级市气象台推广应用,取得了良好的效果。根据 2014 年 5—7 月针对影响湖北省的暴雨云团的监测跟踪和短时预报的客观评估,暴雨云团监测准确率达到 61.3%,6小时暴雨短时预报准确率达到 25.3%(表 2)。客观评估结果表明,卫星资料监测和预报暴雨的业务系统对于湖北暴雨的监测和预报有一定的指导作用。

表 2 2014 年 5—7 月湖北省暴雨云团监测和 6 小时暴雨短时预报 TS 评分

类型	Ts 评分(%)	空测(报)率(%)	漏测(报)率(%)
暴雨云团监测	61.3	24.5	14.2
6 小时暴雨短时预报	25.3	41.3	33.4

暴雨云团监测评分方法:逐小时红外云图所识别出的暴雨云团,与湖北省 77 个自动站逐小时雨量对比,在暴雨云团所在区域中只要有出现 1 小时最大降水量 30 mm 以上 1 站以上为正确 1 次;如果在暴雨云团中没有出现 1 小时最大降水量 30 mm 以上的站点为空测一次;如果在湖北省自动站已经出现 1 小时最大降水量 30 mm 以上 1 站以上,而没有相应的暴雨云团(识别)为漏测 1 次,统计湖北省暴雨云团监测正确、空测、漏测次数。

6 小时暴雨短时预报 TS 评分方法:湖北省 77 站 6 小时暴雨短时预报预报产品,与湖北省77 个自动站 6 小时累加雨量对比,任何一个站出现 6 小时累加雨量≥30 mm 为一个样本,统计湖北省正确、空报、漏报站数。

7 结 论

风云二号静止气象卫星和风云三号极轨气象卫星是两个不同系列的气象卫星,两者具有较强的互补性。武汉中心气象台利用风云系列卫星资料开展湖北暴雨监测和预报方法应用研究,得到以下结果。

(1)利用时间分辨率高的 FY-2 卫星云图资料,结合空间分辨率高的 FY-3 卫星云图资料,采用了多阈值法识别暴雨云团和面积重叠法追踪暴雨云团,能够有效地进行湖北暴雨云团的识别跟踪。

(2)根据暴雨"配料法"原理,统计 FY-2 和 FY-3 卫星资料的参数在湖北暴雨的作用,结合数值预报产品,建立了湖北暴雨预报方程,可以进行湖北暴雨 6 h 落区预报。

(3)武汉中心气象台研究开发的卫星资料监测和预报暴雨的业务系统已经在湖北省地级市气象台推广应用,2014 年客观评估结果表明,该系统对于湖北暴雨的监测和预报有指导作用。

参考文献

[1] Maddox R A. Mesoscale convective complexe. *Bulletion of the American Meteorological Society*, 1980, **61**:1374-1387.

[2] 费增坪,王洪庆,张焱,等.基于静止卫星红外云图的 MCS 自动识别与追踪.应用气象学报,2011,**22**(1):115-122.

[3] 刘健,张文建,朱元竞,等.中尺度强暴雨云团云特征的多种卫星资料综合分析.应用气象学报,2007,**18**(2):158-164.

[4] 方翔,邱红,曹志强,等.应用 AMSU-B 微波资料识别强对流云区的研究.气象,2008,**34**(3):22-29.

[5] 许健民,张其松.卫星风推导和应用综述.应用气象学报,2006,**17**(5):575-582.

[6] 陈国春,郑永光,肖天贵.我国暖季深对流云分布与日变化特征分析.气象,2011,**37**(1):75-84.

[7] 王瑾,柯宗建,江吉喜.2008 年西北太平洋热带气旋活动特征分析.气象,2009,**35**(12):44-50.

[8] 郑永光,陈炯,朱佩君.中国及周边地区夏季中尺度对流系统分布及其日变化特征.科学通报,2008,**53**(4):471-481.

[9] 江吉喜,范梅珠.青藏高原夏季 TBB 场与水汽分布关系的初步研究.高原气象,2002,**21**(1):20-24.

[10] 杨军,董超华,卢乃锰,等.中国新一代极轨气象卫星——风云三号.气象学报,2009.**67**(4):501-509.

[11] 李森,刘健文,刘玉玲.基于 FY-2D 静止卫星云图的强对流云团识别.气象水文海洋仪器,2010,**27**(2):72-78.

[12] 朱亚平,程周杰,刘健文.一次锋面气旋云系中强对流云团的识别.应用气象学报,2009,**20**(4):428-436.

[13] 师春香,吴蓉璋,项续康.多阈值和神经网络卫星云图云系自动分割试验.应用气象学报,2001,**12**(1):70-78.

[14] 龙利民,张萍萍,张宁.2008-07-22 襄樊特大暴雨 FY-3A 微波资料分析.大气科学学报,2010,**33**(5):569-575.

基于椭圆拟合的热带气旋中心定位研究

刘年庆

(国家卫星气象中心,北京 100081)

摘　要:对热带气旋的中心进行定位是预测其未来路径的基础。提出了一种基于椭圆拟合模型的全自动客观方法来代替传统的基于螺线拟合的方法以实现热带气旋的中心定位。该方法包含了梯度方向融合,椭圆线段选取,椭圆中心聚类以及气旋中心确定几个步骤。采用卫星红外图像的实验结果表明,提出的椭圆拟合定位方法与中国气象局发布的热带气旋最佳路径数据集在经度和纬度方向的偏差均值小于 0.12 度,为热带气旋中心定位提供了客观准确的参考。

关键词:热带气旋;中心定位;红外云图;数据挖掘;椭圆拟合

1　引言

　　准确及时的热带气旋中心定位是热带气旋路径预测的基础,即使微小的定位偏差也会对热带气旋未来路径的预测造成巨大影响[1]。当热带气旋的中心眼区结构不是很明显时,进行准确定位将十分困难。卫星图像和雷达数据是分析热带气旋的两种途径。相对于雷达数据,卫星资料具有覆盖面广、数据质量稳定的优点,因而成为获取热带气旋位置及强度的最主要手段[2]。目前热带气旋的中心定位仍然主要采用有经验的气象专家通过人工方式完成。他们利用卫星图像追踪螺旋云带的移动变化,根据前一个时次热带气旋的定位信息,在其附近用螺旋线模板进行比对来找出最佳匹配,从而得到当前时次的热带气旋中心。但是,人工方式具有较强的主观性,不同的专家由于经验和技术的不同,对同一热带气旋的中心位置估计往往也不同。随着数据挖掘和图像处理技术的不断发展,学术界提出了一些不用历史路径,仅通过卫星图像挖掘卫星数据的潜在信息,直接对热带气旋中心进行自动或半自动定位的方法。

　　螺旋云带是热带气旋的明显特征之一,它以不同形态环绕热带气旋的中心,在北半球热带气旋的螺旋云带总是沿逆时针旋转[3]。因此利用螺旋云带的特性进行热带气旋中心定位的方法逐渐成为学术界的热点。这些方法首先进行螺旋云带的螺旋线提取,然后进行螺旋线拟合,最后将螺线的原点作为热带气旋的中心。Dvorak 等[4]首先提出了利用负对数螺线进行热带气旋中心定位的方法,随后 Timothy[5]对其进行了进一步优化,Zhang 等[6]提出利用人工蚁群算法来勾勒出无眼台风的轮廓,并用连续空间多核函数来优化台风信息,从而进行台风定位。Bai 等[7]最近提出了利用二元蚁群优化算法来进行螺线模板匹配,从而估计热带气旋中心的位置。虽然这些方法都可以提取出螺线结构,但是所用的阈值方法并不适用于大多数情况,需要专家根据情况进行参数调整,此外还要利用复杂的优化算法来解决螺线方程多个参数的估计问题。为了克服上述问题,本文基于椭圆拟合模型提出了一种新的自动快速热带气旋定位方法,其鲁棒性和定位精度较传统的螺线拟合方法有不同程度的提高。

本文的结构如下:第二部分分析了传统方法的局限性,第三部分介绍了基于椭圆拟合的热带气旋定位方法:首先利用梯度方向融合算法分析卫星图像的纹理,然后进行椭圆拟合纹理线段的选取,最后根据椭圆中心进行聚类,从而得到热带气旋的中心。第四部分给出了实验与分析,利用该方法对 2012 年全年不同强度的热带气旋的定位,并与真实路径进行比较。第五部分进行了总结和展望。

2　传统方法分析

虽然大部分传统方法都采用 Dvorak[4] 的螺线拟合方法来确定热带气旋的中心,但是很少有文献分析采用对数螺线方程进行拟合的适用范围,如何选取螺线以及螺线的哪一部分进行拟合。

2.1　拟合方程选择

不同的热带气旋形成的条件不同,生成的区域不同,这就导致了仅用单一的对数螺旋方程无法准确地刻画螺旋云带的形态。

图 1 给出了 4 张热带气旋卫星图像和与之相似的螺旋线。从左至右,分别为阿基米德螺线、费马螺线、对数螺线以及双曲螺线。这些螺线的函数方程如下:

$$r = a + b\theta \qquad (阿基米德螺线)$$
$$r^2 = \theta \qquad (费马螺线)$$
$$r = ae^{b\theta} \qquad (对数螺线)$$
$$r\theta = c \qquad (双曲螺线)$$

其中参数 r 代表旋转半径,θ 为旋转角度,a 和 b 分别决定螺线的形状和弯曲尺度,c 为常数。前人的研究多集中在怎样更快的确定螺线参数上,尤其是参数 a 和 b。Jaiswal[8] 为了增加运算速度,固定 a 不变,只在一定范围内搜索 b。Bai 等[7] 提出了利用二元蚁群优化算法来进行参数的选取。不同的热带气旋或者同一热带气旋的不同阶段,其对应的最相似螺线方程都是不同的。因此,不管任何情况都用对数螺线来拟合热带气旋的螺旋云带显然是不准确的。

图 1　不同形态的热带气旋和与之相似的螺线

2.2 螺线提取选择

即使确定了最相似的螺线方程,用于拟合的螺旋线选取也十分关键,因为不是图像上所有的螺线拟合后的原点都重合在一起,有的甚至距离很远,这就导致无法确定气旋中心。为了验证这一点,选取螺旋云带明显,热带气旋结构完整的云图,我们对同一云图的不同螺线分别进行拟合以确定热带气旋中心。从图 2c 中可以看出,同一云图提取的不同螺线拟合后的原点(即所估计的热带气旋中心)并不在同一位置。

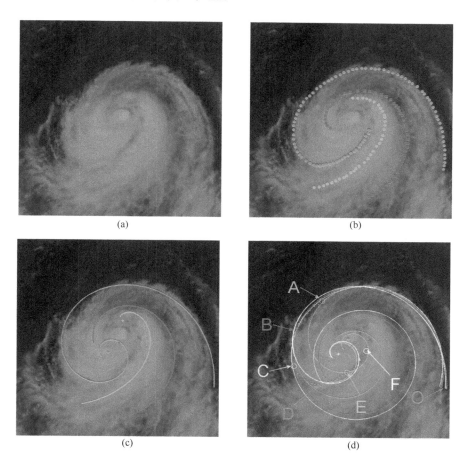

图 2　螺线拟合结果
(a)原始红外图像;(b)提取出三条螺旋线点;
(c)不同螺线拟合结果;(d)同一螺线不同长度拟合结果

2.3 螺线线段选择

给定了螺线方程,选对了螺线,选取该螺线的哪一段进行拟合也会决定气旋中心位置的变化,并不是选用的螺旋线越长,热带气旋的中心就估计的越准。选取同一螺线的不同部分进行螺线拟合,也会产生不同的螺线参数方程,从而得到不同的拟合中心。对于热带气旋的卫星图像来说,外围螺旋云带结构清晰、易于提取,而当螺线进入热带气旋密闭眼墙的时候,由于特征不再像外围云带那么明显,导致不同的提取方法将得到不同的螺旋线。

通过对图 2b 中红色螺线点不同长度 OA/OB/OC/OD/OE/OF 的 6 部分分别进行螺线拟合,得到不同的原点,拟合结果见图 2d,拟合参数见表 1。从表 1 可以看出,并不是螺线选取越长,拟合的中心与真实的中心越接近。其主要原因是,螺旋云带的外围云系与主螺旋云带的内部主体云系的形态并不满足同一螺线方程,这就导致了沿云带边缘所选取的螺线的不同部分拟合结果不同。而且不同的提取螺线的方法所提取出的螺线也不同,尤其是气旋中心眼墙附近的螺线提取,微小的偏差都将导致定位中心位置的巨大变化。因此,传统的基于螺线拟合进行热带气旋中心定位的方法存在一定局限性,其仅适用于个别图像,无法推广到大多数台风云图,因此也无法成为自动的、稳定的热带气旋中心定位方法。

表 1　同一螺线不同长度拟合参数及结果

线段	线段长度/总长度	a	b	RMS	与真值水平偏差(Δx)	与真值垂直偏差(Δy)	与真值距离(像素)
OA	5/10	142.1753	0.2558	0.1580	2.0312	10.7851	10.9747
OB	6/10	132.4356	0.0781	0.2599	16.1040	31.4416	35.3258
OC	7/10	130.9396	0.0625	0.2196	17.7787	33.0443	37.5235
OD	8/10	145.7371	0.1623	0.4047	2.5357	27.5933	27.7096
OE	9/10	166.0211	0.2781	0.6177	−16.8767	25.2936	30.4071
OF	10/10	162.8149	0.2654	0.5628	−15.0126	24.8311	29.0166

3　基于椭圆拟合的热带气旋中心定位方法

为了克服传统的基于螺线拟合进行热带气旋中心定位方法的缺陷,本文提出了基于椭圆拟合的热带气旋中心定位方法。该方法包含三个部分:首先利用梯度方向融合方法找出卫星图像的纹理线,然后选取拟合椭圆所需纹理线段,最后对拟合的椭圆中心进行聚类,从而得到所估计的热带气旋中心。该方法不需任何人工干预,可以全自动完成热带气旋中心定位。

3.1　梯度方向融合算法

对于比较强的热带气旋,其主体云系一定存在涡旋结构,但是这并不意味着图上每一个点的梯度都严格与涡旋结构一致,为了减少与周围区域不协调的梯度方向,需要对梯度方向进行融合。定义图像内点(x, y)的梯度为$[g_x, g_y]|_{(x,y)}$,其中g_x和g_y分别为沿x和y方向的梯度。对于包含热带气旋的卫星图像,定义其加权平均平方梯度为(Hastings,2007)[9]:

$$\theta = \arctan \frac{P}{D},$$

其中,$P = 2\overline{g_x}\,\overline{g_y}$ $D = \overline{g_x^2} - \overline{g_y^2}$,$\overline{g_x}$和$\overline{g_y}$分别代表$g_x$和$g_y$的加权平均。

为了减少与周围区域不协调的梯度方向,按照以下步骤对梯度方向进行融合:首先找出P和D变化最快的点,即该点的P和D与 2 倍步长范围内的矩形区域的平均P和D相差最大,用该区域的P和D的均值代替该点的P和D。图 3 给出了梯度方向融合的结果示意图。

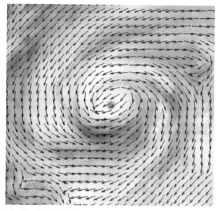

图 3　梯度方向融合前后的结果

3.2　椭圆拟合线段选取

与一般对螺旋云带只提取一根螺线进行拟合来得到热带气旋中心的方法不同,本文提出的算法在包含热带气旋的大范围的图像区域内,均匀选取 n^2 个点,以这 n^2 个点为起点,每个点沿其梯度及其梯度反方向分别进行梯度方向连线,步长为 s 个像素,连接 m 次,到达图像边缘或出现自交叉则自动停止。从纹理连线来看,在热带气旋中心附近,纹理连线并不像传统的螺线理论那样一直卷入热带气旋中心,而是围绕中心旋转,这也是采用螺线拟合中心不准确的因素之一。而围绕中心旋转所构成的椭圆是本文采用椭圆拟合的重要原因。

在进行纹理线段连接之后,需要确定哪部分线段用于椭圆拟合,拟合线段的选择十分重要,将直接关系到热带气旋中心定位的结果。为了找到适合椭圆拟合的线段,去除无效线段,需要进行以下步骤:

(1)求取相邻线段之间的夹角:云图结构趋势线是由线段连接组成的,每段线段都有自己的方向,将各相邻线段的方向进行差分,便得到相邻线段方向的角度差:

$$\Delta\theta_{i,i+1} = \begin{cases} \theta_i - \theta_{i+1}, & -\dfrac{\pi}{2} < \theta_i - \theta_{i+1} < \dfrac{\pi}{2} \\ \theta_i - (\theta_{i+1} - \pi), & \theta_i - \theta_{i+1} < -\dfrac{\pi}{2} \\ \theta_i - (\theta_{i+1} + \pi), & \theta_i - \theta_{i+1} > \dfrac{\pi}{2} \end{cases}$$

其中 θ_i 和 θ_{i+1} 分别为线段 i 和 $i+1$ 之间的方向角。

(2)符号限定:对于每条纹理连接线,包含 m 个线段,则包含 $m-1$ 个相邻线段的方向角度差 $\Delta\theta_{i,i+1}(i=1,2,\cdots,m-1)$, $\Delta\theta_{i,i+1} \in \left[-\dfrac{\pi}{2}, \dfrac{\pi}{2}\right]$,找出具有相同符号角度差的连续线段,相同符号代表旋转方向一致,例如对于一个标准的向内旋转螺线,相邻线段的角度差一直为正值。

(3)角度限定:由于距离热带气旋中心越近的区域,在相同步长条件下,其梯度法线方向的变化越大,相邻两连接线的夹角也越大。因此需要设定最小连接线夹角,从而确定线段是否在热带气旋中心附近。假设线段上的点与中心的最远距离为 $R_{\max}$,卫星图像分辨率为 r_{res},连接

线段长度固定为 L_{step} ，连接线之间的夹角为 θ ，则根据图 4 中的几何关系,有:

$$\theta = 2 \cdot \arctan \frac{\dfrac{L_{step}}{2}}{\dfrac{R_{\max}}{r_{res}}}$$

因此,选取相邻连接线段之间的夹角符号相同,且绝对值大于 θ 的线段,以确保距离气旋中心较近。例如,对于距离台风中心 200 km 半径的区域,使用 4 km 分辨率的卫星图像,步长为 5 个像素,则最小旋转角为 5.72 度。

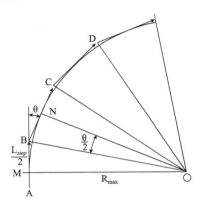

图 4　最小连接线夹角图

（4）线段链接:若根据前面条件选取的两段线段链之间足够近(本文选取 4 个线段长),则将 2 个线段链连接为一个线段链,从而避免了因为噪声所引起的断链。

（5）由于越长的线段链意味着所提取的螺旋云带结构越完整,所以根据前面条件设定,选出最长的 k 条线段链,并找出每条线段链中旋转角度最快达到 π 的线段,用于椭圆拟合。

$$n_0 = \min \left\{ \underset{n}{\arg} \left| \sum_{j=i}^{i+n} \Delta \theta_{j,j+1} - \pi \right| < \delta \right\}, 其中 \ i,j \in (1,\cdots,m), \delta > 0$$

$$i_0 = \left\{ \underset{i}{\arg} \left| \sum_{j=i}^{i+n_0} \Delta \theta_{j,j+1} - \pi \right| < \delta \right\}$$

3.3　椭圆中心聚类

由上一步可以得到用于拟合椭圆的线段链,但并不是所有的线段链都环绕热带气旋中心,因此需要对其进行聚类筛选。首先,利用这些线段进行椭圆拟合,通过求解超定线性方程组的一个最小二乘解来得到椭圆拟合的参数[10];然后利用 kmeans 方法[11]对这些拟合出的椭圆中心进行聚类,一般会聚成 3~5 类。由于大部分椭圆是环绕气旋中心的,因此将包含椭圆最多的一类选出。但是椭圆只是中心点位置相近,而长短轴方向各异,这些中心点的均值不能代表热带气旋的中心,因此还要对其进行二次筛选。二次筛选根据椭圆半长轴的方向进行 kmeans 无监督聚类,同样选取包含半长轴方向相似的最大一类;最后,选取经过两次不同方式聚类,得到中心相近且半长轴方向基本一致的椭圆簇,椭圆簇中心的均值即为热带气旋中心。

4 实验结果与分析

为证明本算法的有效性,利用 2012 年全年的卫星资料进行实验。热带气旋最佳路径数据集来源于中国气象局热带气旋资料中心[12],卫星数据资料来源于中国卫星遥感数据服务网[13]。由于当热带气旋强度太弱时,即使拥有丰富经验的气象专家也很难给出准确的定位,因此本文仅对强度级别为强热带风暴、台风、强台风、超强台风这 4 个强度级别的热带气旋进行实验。根据热带气旋最佳路径资料,2012 年编号的热带气旋一共有 25 个,除了热带气旋"杜苏芮"(Doksuri)、"鸿雁"(Kirogi)和"悟空"(Wukong)的强度未达到过强热带风暴,其他 22 个热带气旋的强度均达到甚至超过了强热带风暴。在热带气旋最佳路径数据集中,这 22 个热带气旋强度在强热带风暴或以上的定位信息共有 375 条记录,其中 370 条记录都可以通过中国卫星遥感数据服务网上下载到对应的有效资料,这其中包括 127 条强热带风暴记录,132 条台风记录,68 条强台风记录及 43 条超强台风记录。本文对这 370 个时次的卫星资料进行处理,截取出以热带气旋中心为中心,边长为 320 像素的卫星图像区域进行实验,截取区域如图5 所示。

图 5　不同强度热带气旋

(a)2012 年 10 月 3 日 17:32(UTC)强热带风暴;(b)2012 年 8 月 24 日 17:32(UTC) 台风;
(c)2012 年 9 月 16 日 17:32(UTC)强台风;(d)2012 年 9 月 27 日 11:32(UTC)超强台风

实验参数设置：当步长 s 设置较大时（$s>6$），由于每一步跨越的区域大，漏掉了云系结构的旋转细节，相当于用一条很长的弦代替了一段弧，会导致所提取的云图纹理线无法正确地表示云系的结构；当步长 s 设置太小时（$s<4$），像素点取整会大大影响纹理线的方向，例如当步长 $s=3$ 时从原点指向（2.61,1.48）的方向为 29.56 度，而取整后该点变为为（3,1），方向为 18.43 度，相差了约 10 度，从而使纹理线偏离的云系结构，经过试验，当步长 $s=5$ 时（红外卫星云图分辨率为 4 km），所绘制的云系纹理线与云系结构一致性最好。线段链的最短长度 m 的选取与步长 s 和截取区域的大小有关，当 m 设置太短，所获取的纹理线很有可能不是云系的主体结构线。对于 320×320 像素的截取区域和 5 像素的步长的设置，图像最大内切圆约为 1005 个像素，也就是当 $m=201$ 时，如果是旋转的云系结构，已经可以围绕台风中心一周，而实际上旋转半径会逐渐减小，因此设置 $m=100$，经实验发现杂乱的纹理线远没有达到 100 就会出现自交叉或达到图像边缘而停止，而真正的台风云系结构纹理线一般会达到 200 甚至更多的链接，因此提取 100 段以上的连接线进行分析一般可以得到合理的表示云系内部结构的纹理线。当线段链长度超过 100 的条数多余 10 条时，选取最长的 10 条链接线进行线段提取拟合椭圆。均匀选取的格点 $n=32$，对于 320 像素边长的云图区域，格点间距为 10 像素，为步长的 2 倍，太密的格点间距不但会增加计算时间，而且会产生许多第一步不同，而后面完全相同的纹理线。最小旋转角设置为 5.72 度，从而只搜索台风中心 200 km 范围以内的纹理线。根据以上设置进行计算，得到了 4 种强度热带气旋的定位精度结果，包括经纬向均值及方差，如表 2 所示。图 6 给出了定位结果的置信图。

表 2　热带气旋定位偏差均值和方差表

强度	纬向偏差均值(度)	纬向偏差方差	经向偏差均值(度)	经向偏差方差
强热带风暴(127 个)	−0.099800	0.643977	0.113112	0.743635
台风(132 个)	−0.053483	0.444766	0.014650	0.471297
强台风(68 个)	−0.084117	0.335318	−0.011677	0.379516
超强台风(43 个)	0.062801	0.246002	0.066840	0.327878

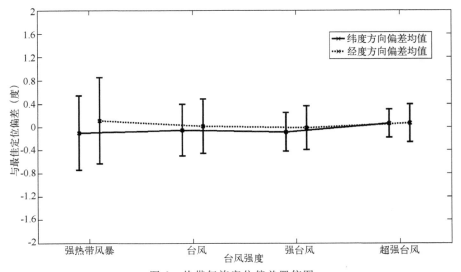

图 6　热带气旋定位偏差置信图

从定位结果可以看出,随着热带气旋强度的增强,定位偏差的均值稳定,并且纬度方向和经度方向的方差呈现逐渐减小的趋势,这是由于随着热带气旋强度的增强,其卫星图像的纹理结构越来越清晰,因而定位也逐渐准确。传统方法的定位方法中,由于所测试的热带气旋不同,所以精度也不尽相同,大致范围在 0.15~0.7 度之间。例如,Yan[3] 算法精度为 0.16~0.7度,Said 等[14]文中的精度为 0.15 度,Qiao 等[15] 算法精度为 0.25 度,且有些方法一般只对某几个热带气旋甚至一个热带气旋的不同时次进行统计,而我们的测试集为 2012 年的全年热带气旋。因此我们的方法较传统方法具有更高的精确度和鲁棒性。为了更直观地显示定位的结果,下面选取几个周期持续时间久,路径延续距离长的热带气旋进行定位结果与最佳路径的比对,如图 7 所示。从图中可以看出,定位中心与中国气象局热带气旋资料中心公布的中心基本吻合。对于一些定位误差比较大时次,主要是由于热带气旋存在比较强的风切变,上层旋转中心与下层旋转中心分离造成的。通过卫星云图只能看到上层旋转中心,而人工定位时,如果有洋面风资料,则根据洋面风进行下层中心定位,因此造成较大偏差。

图 7 最佳定位路径与算法定位路径比对图

5 结论

本文利用卫星图像提出了一种基于椭圆拟合的热带气旋中心定位方法。该方法不需要任何历史定位信息,只根据卫星红外图像便可以完成对热带气旋中心进行全自动客观精确定位,克服了传统基于螺线拟合的多螺线拟合中心不统一和同螺线不同长度拟合中心不统一的问题,经过 2012 年全年 22 个强度在强热带风暴以上的热带气旋验证,该方法与最佳路径的偏差在正负 0.12 度内。为基于卫星图像的热带气旋客观定位提供了参考结果,同时为热带气旋路径预测奠定了良好的基础。但是对于初生和即将消亡的热带气旋来说,由于其强度弱,云系结构不完整,此方法所估计的结果与真实结果还存在一定偏差,下一步需要研究新的算法来为强度较弱的热带气旋中心进行定位。

致谢

首先感谢编辑和匿名审稿人对文章提出的有用修改意见,同时感谢王新刚同学对本文数据处理的指导,以及刘海洋同学对本文初稿的建设性建议和修改方法。本文受北极阁基金 BJG201210 的资助,在此表示感谢。

参考文献

[1]　裘国庆,方维模.世界气象组织.全球热带气旋预报指南:世界气象组织技术文件(WMO/TD-NO. 560).北京:气象出版社,1995.

[2]　Miguel F Piñeros, Elizabeth A Ritchie, J Scott Tyo. Objective measures of tropical cyclone structure and intensity change from remotely sensed infrared image data. *Geoscience and Remote Sensing*, *IEEE Transactions* on, 2008, **46**(11):3574-3580.

[3]　Wong Ka Yan, Yip Chi Lap. An intelligent tropical cyclone eye fix system using motion field analysis [C]//Tools with Artificial Intelligence, 2005. ICTAI 05. 17th IEEE International Conference on, 5 pp. - 656. 2005.

[4]　Dvorak Vernon F. Tropical cyclone intensity analysis and forecasting from satellite imagery. *Monthly Weather Review*, 1975, **103**(5):420-430.

[5]　Timothy L Olander, Christopher S Velden. The advanced Dvorak technique:Continued development of an objective scheme to estimate tropical cyclone intensity using geostationary infrared satellite imagery. *Weather & Forecasting*, 2007, **22**(2).

[6]　Zhang Q P, Lai L L, Wei H. Continuous space optimized artificial ant colony for real-time typhoon eye tracking[C]//Systems, Man and Cybernetics, 2007. ISIC. IEEE International Conference on, 2007, 1470-1475.

[7]　Bai Qiu Chan, Kun Wei, Zhong Liang Jing, *et al*. Tropical cyclone spiral band extraction and center locating by binary ant colony optimization. *China Earth Sciences*,2012, **55**(2):332-346.

[8]　Jaiswal Neeru, Chandra M Kishtawal. Automatic determination of center of tropical cyclone in satellite-generated IR images. *Geoscience and Remote Sensing Letters*, *IEEE*, 2011,**8**(3):460-463.

[9]　Hastings Robert. Ridge enhancement in fingerprint images using oriented diffusion[C]//Digital Image Computing Techniques and Applications, 9th Biennial Conference of the Australian Pattern Recognition Society on, 2007,45-252.

[10]　田垅,刘宗田.最小二乘法分段直线拟合.计算机科学,2012,**39**(B06):482-484.

[11]　James Mac Queen. Some methods for classification and analysis of multivariate observations[C]// Proceedings of the fifth Berkeley symposium on mathematical statistics and probability,1967,**1**(281-297):14.

[12]　Ying Ming, Zhang Wei, Yu Hui, *et al*. An Overview of the China Meteorological Administration Tropical Cyclone Database. *Journal of Atmospheric and Oceanic Technology*,2013.

[13]　风云卫星遥感数据服务网,2014.4.12,http://satellite.cma.gov.cn

[14]　Faozi Said, David G Long. Effectiveness of QuikSCAT's Ultra-High Resolution Images in Determining Tropical Cyclone Eye Location[C]//Geoscience and Remote Sensing Symposium, 2008. IGARSS 2008. IEEE International, 2008,1, I-351-I-354.

[15]　Qiao Wenfeng, Li Yuanxiang, Wei Xian, *et al*. Tropical cyclone center location based on Fisher discriminant and Chan-Vese model[C]//Fourth International Conference on Machine Vision (ICMV 11), 83492N-83492N-83495. 2012.

吉林省云降水概率与卫星参数的关系研究

尚　博[1]　刘建朝[2]　徐建飞[1]

(1. 长春市气象局,长春 130051;2. 吉林省人工影响天气办公室,长春 130062)

摘　要:利用 2013 年 FY-2D/E 静止卫星反演云参数,结合吉林省 55 个地面自动气象站降水观测资料,研究了云参数在不同分档情况下与降水的关系,并选取与降水关系最密切的三种分档模式,给出人工增雨潜力区的范围。结果表明:FY 静止卫星反演云顶高度、云粒子有效半径和光学厚度对降水都有一定的指示意义,绝大多数情况下有云但并没有降水形成;当云顶高度小于 2.5 km 时,发生降水的可能性很小,随着云顶高度的增大,其与云光学厚度和云有效粒子半径在不同分档组合下的云降水概率逐渐变大;当云顶高度大于 7.5 km,云有效粒子半径大于 20 μm 且云光学厚度大于 10 时,云降水概率普遍都在 30% 以上,最大达到 36%。该结果对于大范围降水落区的判断以及人工增雨潜力区的选择有较好的指示作用。

关键词:云参数;降水;关系

1　引言

　　云的宏微观物理参量(云量、云顶高度、粒子尺度、光学厚度等) 及其时空分布演变特征与人工增雨潜力紧密相关。卫星遥感是在区域乃至全球尺度上获取这些参量的主要手段,目前国内外利用卫星辐射资料反演云的特征参量很多成果。国内外关于云特征参数与降水关系的研究,已有一些进展。刘健等[1]利用 FY-1D 和 NOAA 极轨卫星联合反演得到云光学厚度,发现地面雨量基本与云光学厚度呈正相关关系,Rosenfeld 等[2]研究了 NOAA 卫星反演的云粒子有效半径与降水的关系,提出有效半径大于 14 μm 是云中产生降水的阈值。

　　以上研究中大多采用国外卫星各原始信道数据作为对降水的影响因子进行统计。近些年随着我国卫星技术的不断发展,我国的 FY 静止卫星得到了更多的应用。周毓荃等[3,4]利用我国 FY-2C/D 静止卫星观测数据融合其他多种观测资料,开发了包括云光学厚度、云粒子有效半径等近 10 种云宏微观物理特征参数系列产品,反演产品同 MODIS 反演的同类产品进行对比分析,发现两者具有较好的一致性,并利用 FY-2C 卫星反演得到的云结构特征参数,结合地面降水,研究了云结构参数与降水的关系,结果表明:层状云和对流云的降水概率均随云顶高度和光学厚度的增加而增大,降水概率与云光学厚度的相关性更为密切,光学厚度小于 10 的云很难产生降水,而云光学厚度大于 20 时,层状云和对流云的降水概率都会显著增加。蔡淼等[5]将 FY-2C/D 静止卫星反演的云参数和地面同时段的雨滴谱仪的观测数据进行联合分析,发现反演得到的一些特征云参数对地面降水有一定的指示意义。

　　由于我国幅员辽阔,不同地区不同天气系统下,云的结构特征差异较大,本文综合利用 2013 年 FY-2D/E 卫星反演云参数和自动站小时雨量观测资料,统计分析了吉林省云特征参数与降水的关系,为研究该地区云降水发展演变规律、估计降雨落区和增雨潜力区的识别提供帮助。

2　资料介绍

主要利用 2013 年 FY-2D/E 静止卫星反演云参数资料和吉林 55 个自动站地面小时雨量观测资料。其中静止卫星反演云参数资料包括：云顶高度、云顶温度、云粒子有效半径、云光学厚度，反演时段为每日 10 时到 16 时，反演方法和产品详细介绍参考周毓荃[3]。

3　资料处理和统计方法

3.1　资料的时空对应

风云静止卫星反演云产品与地面自动气象站观测资料在时间与空间分辨率上都有较大的差别，图 1 给出了星下像素点和自动站分布情况，蓝点为卫星的星下像素点位置，分辨率为 5 km×5 km，时间间隔为 1 小时一次数据，红点为 55 个自动站位置。首先需要对两种资料进行空间对应，分别以吉林省 55 个自动气象站所在位置为基准，取星下像素点距离各站点位置最近的四个格点，对云参数产品值进行算术平均，将该平均值作为该时刻各类云参数的样本值，在时间上，取云参数样本推迟一小时的雨量观测值进行对比分析。

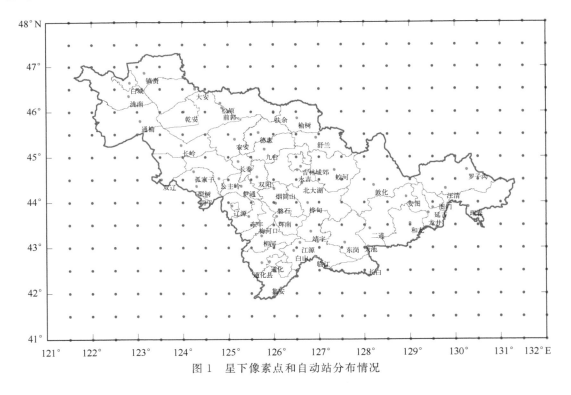

图 1　星下像素点和自动站分布情况

3.2　统计方法

（1）将各类云特征参数按数值大小范围进行分档，其分档标准见表 1，统计云参数在不同分档模式下出现的频数及降水概率。

（2）统计各类云参数在不同分档组合情况下的降水概率特征。

表 1　卫星反演云参数分档标准

分档	云顶高度（km）	云顶温度（℃）	云粒子有效半径（μm）	云光学厚度
1	0～2.5	＞0	0～10	0～5
2	2.5～5	−15～0	10～20	5～10
3	5～7.5	−30～−15	20～30	10～15
4	7.5～10	−45～−30	30～40	15～20
5	＞10	＜−45	＞40	＞20

4　云特征参数与降水关系

4.1　卫星反演云参数频数分布特征及其与降水的关系

利用 2013 年吉林省 55 个自动气象站和卫星反演得到的各类云特征参量进行时空匹配后，共获得 35596 个样本，其中无降水样本 31961 个，降水样本 3635 个。图 2 分别给出了卫星反演的云顶高度、云顶温度、粒子有效半径和云光学厚度的频数分布，为进一步了解各类云参数在不同数值区间与降水的关系，按表 1 给出的分档标准，计算得到各档云参数的降水概率，结果见表 2。

表 2　卫星反演云参数不同分档降水概率（％）

	第一档	第二档	第三档	第四档	第五档
云顶高度	4	8	12	17	20
云顶温度	6	11	11	15	16
云粒子有效半径	5	9	17	18	0
云光学厚度	5	12	26	26	7

由图 2 和表 2 可知，所有样本中，无降水样本占总样本数 90％左右，说明吉林省在绝大多数情况下有云但并没有降水形成。图 2a 中，随着云顶高度值的增大，5 种分档模式下无降水频数呈递减趋势，有降水时则与之相反，随着云顶高度值的增大，降水样本的频数和降水概率依次增加；图 2b 中云顶温度在不同分档情况下，无降水样本和降水样本的变化趋势同云顶高度基本一致；图 2c 中，降水和无降水样本大部分集中在云粒子有效半径为 0～30 μm，无降水样本有双峰分布特征，峰值分别在云粒子有效半径为 0～10 μm 和 20～30 μm 分档，降水样本随着云粒子有效半径的增加而增多，有效粒子半径在 20～30 μm 时降水概率达到最大；图 2d 中，随着光学厚度数值的增加无降水的频数逐渐下降，降水概率则在第二档和第三档时较大。与周毓荃等[4]对光学厚度与降水关系的研究结论相比，本文样本中云光学厚度值普遍偏小，但光学厚度增大降水概率增大的趋势是一致的，结果偏小的原因可能是南北方云系结构的差异造成的，其文章是对安徽寿县 5 月到 12 月的统计结论，光学厚度主要是衡量云是否密实的无量纲量，可能是北方云系干层较多导致的数值偏小。

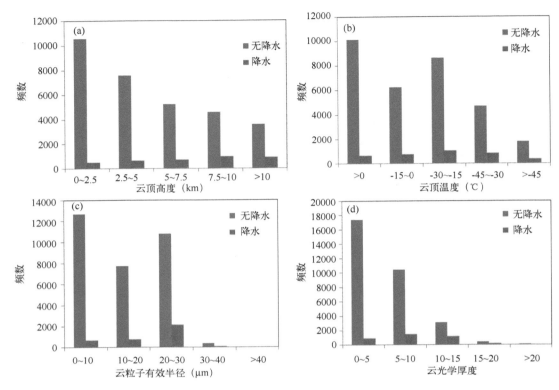

图 2　吉林省 2013 年卫星反演云参数的频数分布

4.2　不同云参数在不同分档组合下的降水概率特征

根据表 2 可知,所有云参数在不同分档模式下降水概率几乎都在 20%以下,为了提高云参数对降水概率的判断,对多种云参数分档进行组合,分别对不同分档模式进行降水概率计算。由于云顶高度和云顶温度的反演方法相类似,此处用云顶高度与云粒子有效半径、云光学厚度三种云产品进行组合判断云降水概率,结果见表 3—表 7。

表 3　云顶高度在 0～2.5(km)时,组合降水概率结果

云顶高度:0～2.5(km)		云光学厚度			
		0～5	5～10	10～15	15～20
有效	0～10	4	5	6	0
粒子	10～20	3	0	0	/
半径	20～30	/	/	/	/
(μm)	30～40	/	/	/	/

表 4　云顶高度在 2.5～5.0(km)时,组合降水概率结果

云顶高度:2.5～5.0(km)		云光学厚度			
		0～5	5～10	10～15	15～20
有效	0～10	6	8	6	0
粒子	10～20	6	11	16	15
半径	20～30	25	0	/	/
(μm)	30～40	/	/	/	/

表 5　云顶高度在 5.0～7.5(km)时,组合降水概率结果

云顶高度:5.0～7.5(km)		云光学厚度			
		0～5	5～10	10～15	15～20
有效	0～10	6	9	8	0
粒子	10～20	6	17	16	13
半径	20～30	6	13	26	9
(μm)	30～40	0	15	22	/

表 6　云顶高度在 7.5～10.0(km)时,组合降水概率结果

云顶高度:7.5～10(km)		云光学厚度			
		0～5	5～10	10～15	15～20
有效	0～10	/	/	/	/
粒子	10～20	/	/	/	/
半径	20～30	5	16	32	30
(μm)	30～40	8	19	36	0

表 7　云顶高度大于 10(km)时,组合降水概率结果

云顶高度:＞10(km)		云光学厚度			
		0～5	5～10	10～15	15～20
有效	0～10	/	/	/	/
粒子	10～20	/	/	/	/
半径	20～30	6	12	28	30
(μm)	30～40	14	12	27	21

由表 3—表 7 可见,当云顶高度小于 2.5 km 时,各种组合下的云降水概率普遍较小,都小于 10%;随着云顶高度的增大,不同组合下的云降水概率逐渐变大,但都在 30% 以下;当云顶高度大于 7.5 km,云有效粒子半径在大于 20 且云光学厚度大于 10 时,云降水概率普遍在 30% 以上,最大达到 36%。

5　增雨潜力区识别

　　选取各类云参数在不同分档组合条件下,降水概率最大的三种分档模式(表8),并将满足三种分档组合条件的星下像素点的位置作为人工增雨潜力区,同时给出延迟一小时的地面加密站降水作为对比(图3)。卫星数据为2014年9月14日10时,在高空槽影响下,吉林省出现分布不均匀的降水,降水主要集中在吉林省中部地区(图3d)。从图3a可以看到满足a类分档条件的云主要分布在吉林省西部,云顶高度在2.5~5 km之间,从图3b和3c看到,满足b类和c类分档条件的云向东偏移,集中在吉林省中部,c类云的云顶高度在7.5~10 km之间,出现频数最大,对应降水的集中区域。

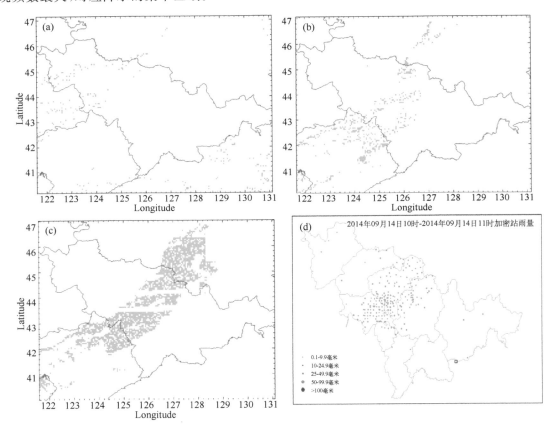

图3　三种分档模式下人工增雨潜力区的范围及延迟1小时的地面加密站降水

表8　各类云参数不同分档组合条件下降水概率最大的三种分档模式

分档组合	降水概率(%)	云顶高度(km)	云光学厚度	有效粒子半径(μm)
a	25	2.5~5.0	0~5	20~30
b	26	5.0~7.5	10~15	20~30
c	36	7.5~10	10~15	30~40

图 3 中云的位置和降水的位置基本对应,将满足分档条件的星下像素点的位置作为人工增雨潜力区是较为合理的,且该潜力区识别指标可以将西部和中部引发降水的主要云系高度有所区分,为人工增雨火箭作业的仰角选取和飞机播撒高度提供了有效依据。

6　小结

(1)在吉林省有 90% 的云出现时不会产生降水,云顶高度、云粒子有效半径和云光学厚度对降水都有一定的指示意义。

(2)通过云顶高度与云粒子有效半径、云光学厚度进行组合统计云降水概率,结果表明,当云顶高度小于 2.5 km 时,发生降水的可能性很小;随着云顶高度的增大,不同组合下的云降水概率逐渐变大;当云顶高度大于 7.5 km,云有效粒子半径在大于 20 μm 且云光学厚度大于 10 时,云降水概率普遍都在 30% 以上,最大达到 36%。

(3)选取降水概率最大的三种分档模式,利用 14 年 9 月 14 日个例,筛选满足不同分档条件的星下像素点位置作为人工增雨潜力区,并与地面降水对比,发现云的位置和降水的位置基本对应,且可以区分发生降水的云系高度,对人工增雨有一定的指示作用。

参考文献

[1]　刘健,张文建,朱元竞,等.中尺度强暴雨云团云特征的多种卫星资料综合分析.应用气象学报,2007,**18**(2):158-164.

[2]　Rosenfeld D,Gutman G. Retrieving microphysical properties near the tops of potential rain clouds by multispectral analysis of AVHRR data. *Atmos. Res.*,1994,**34**:259-283.

[3]　周毓荃,陈英英,李娟,等.用 FY-2C/D 卫星等综合观测资料反演云物理特性产品及检验.气象,2008,**34**(12):27-35.

[4]　周毓荃,蔡淼,欧建军,等.云特征参数与降水相关性的研究.大气科学学报,2011,**34**(6):641-652.

[5]　蔡淼,周毓荃,朱彬.FY-2C/D 卫星反演云特征参数与地面雨滴谱降水观测初步分析.气象与环境科学,2010,**33**(1):1-6.

融合卫星资料对山西"0709"暴雨数值预报的影响①

董春卿②　　苗爱梅　　郭媛媛　　郝婧宇　　马严枝

(山西省气象台，太原 030006)

摘　要：在高空槽引导西北涡东移的环流背景下，受低涡切变线附近 β 中尺度强对流云团影响，2013 年 7 月 9 日夜间，山西省东南部发生了一次暴雨—大暴雨天气过程。本文利用 ADAS(ARPS Data Analysis System)综合云分析系统，将地面报文资料和静止卫星云顶亮温数据加入到 WRF 中尺度模式中，通过对此次暴雨过程的数值模拟和敏感性试验，分析融合卫星云顶数据对水汽初始场的改进效果，探讨利用卫星资料提高定量降水预报的可能性。试验结果表明：融合卫星云顶数据改善了模式 24 h 降水预报效果，有效减少强降水的空报，显著提高暴雨以上强降水的预报效果。进一步分析表明：融合卫星云顶数据后，模式可以获取中小尺度系统信息，捕捉 β 中尺度强对流云团；模式较好反映出实际湿度场的中尺度特征，有效加强对降水有重要影响的高湿区的分析，散度场等能够快速协调适应；模式更加有效地预报出未来 3 h 内降水模态的变化和移动，显著改善强降水的临近预报效果。

关键词：卫星亮温；综合云分析；暴雨；数值预报

1　引言

近年来，中尺度数值模式已经广泛应用于暴雨、锋面气旋等中尺度系统的数值模拟和研究，并成功模拟和预报出一些天气事件的发生、发展。国内外很多研究表明，中尺度数值模式对初始条件、边界条件和物理过程等敏感。在其他模拟条件不变的条件下，初值场的质量对暴雨中尺度系统结构演变以及降水量的模拟结果有决定性的影响[1~3]。Zhang[4]在模拟 β 中系统时发现，当模式的初始场中缺乏重要的中尺度信息时，模拟的中尺度现象的时间、落区和强度将会有很大的误差。

由于常规探空站点分布的时空局限性，在对一些强对流天气过程进行数值模拟时，常规资料不能分辨 β 中尺度系统，影响初始场质量。因此，采用适当的方法将非常规观测资料加入到中尺度模式的初始场中，是提高中尺度模式预报水平的有效途径之一。朱明[1]等利用 GMS-5 卫星图像反演的高分辨率湿度场资料改进初始场，引入卫星反演湿度场较好地反映出实际湿度场的水平中尺度结构，有效改进 24 h 的降水预报效果。齐艳军[2]等利用高分辨率卫星 TBB 资料反演的云内湿度场来改进模式初值，明显改善了模式降水预报的强度和落区，比仅使用常规探空资料更加接近实况。

---

① 基金项目：中国气象局 2014 年度气象关键技术集成与应用面上项目"精细化空气质量预报技术应用(CMAGJ2014M09)"、山西省气象局重点课题"公里网格中尺度数值模式建设(SXKZDTQ201510007)"共同资助。

② 作者简介：董春卿(1984—)，男，山西介休人，工程师，主要从事区域精细化天气预报相关研究．E-mail：dong.chq@gmail.com

2013年7月,山西省多次出现大范围强降水天气,全省月平均降水量为242.4 mm,超常年平均137.3 mm,降水量超历史极值。其中,7—11日出现汛期最强降水天气,多地出现暴雨—大暴雨天气。本文利用ADAS综合云分析系统,将地面报文和卫星云顶亮温数据加入中尺度WRF模式初始场中,通过对7月9日夜间强降水过程的模拟对比试验,分析融合卫星资料对初始水汽场的改进效果,探讨使用卫星资料提高定量降水预报的可能性。

2　暴雨个例概况

2.1　降水实况

2013年7月7—11日,山西省出现入汛以来最强降水天气过程,累积降水量在12.7～188.1 mm,多地出现暴雨天气,盂县、沁县、阳城等20县市雨量超过100 mm,强降水造成山西垣曲、阳城等地中小河流河水暴涨,洪水泛滥,多处堰坝垮塌,部分农田被洪水冲毁。强降水主要集中在09日20:00—10日20:00(北京时,下文同),24小时降水量分布如图1。暴雨—大暴雨的强降水带分布呈西南—东北走向,暴雨区主要位于晋中东部—长治—晋城一带,5个县站出现>100 mm以上的大暴雨天气,中心位于沁县(36.76°E,112.68°N)和阳城(35.48°N,112.40°E),其中阳城24小时降水量最大(162.2 mm),最大小时雨强出现在阳城9日23:00—10日00:00,强度为55.4 mm/h。

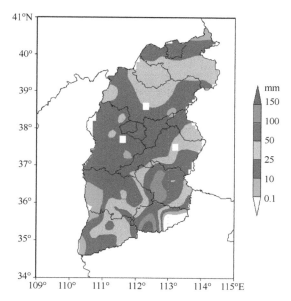

图1　2013年7月9日20:00—10日20:00降水观测实况(单位:mm)

2.2　环流背景场分析

9日08:00—20:00,500 hPa上空,受弱高压脊影响,东亚中高纬环流较为平直,山西位于西太平洋副热带高压外围580 dagpm与584 dagpm特征线之间,水汽沿副高外围向华北区域输送,在青藏高原东侧青海附近上空有短波槽东移(图略)。700 hPa上空,9日08:00,与500 hPa短波槽相配合,西北涡位于甘肃东部上空,中心涡度最大为1.0×10^{-4} s^{-1},低涡前暖式风场切变线延伸至山西南部临汾一带。850 hPa 低涡中心位置较 700 hPa 略偏东,中心涡度最大为 4.0×10^{-5} s^{-1},山西东南部存在西南风与偏东风的风场切变。9 日 20 时,700 hPa 西北涡东北移,结构变得松散,强度减弱为 8.0×10^{-5} s^{-1},低涡前暖切变在山西中部吕梁—晋中东部一带。850 hPa 低涡中心东移至陕西中部,强度减弱,低涡前暖切变在山西—河南交界处。因此,暴雨发生前,高空槽系统引导西北涡东移,山西南部暴雨区发生在 700 hPa 与 850 hPa 风场切变线之间。

2.3　卫星资料分析

本研究使用的卫星资料来源于国家卫星气象中心提供的 FY-2E 卫星 1 h 平均相当黑体亮温产品,产品格式为 AWX,分辨率为 $0.1°\times0.1°$。9 日 18:00(见图 2a),受低涡切变影响,在河南嵩县上空有一 MβCS 中尺度对流系统发展起来,红外亮温 $\leqslant-53℃$ 的冷云盖面积约为 5.0×10^{3} km^{2},云顶亮温 $-58℃$;19:00(见图 2b),MβCS 快速北移至河南新安上空,$\leqslant-53℃$ 的冷云盖约为 4.7×10^{3} km^{2},云顶亮温 $-63℃$,移动速度约为 1.1×10^{2} km/h,同时在山西新绛一带也有弱对流系统发展起来,云顶亮温 $-58℃$;20:00(见图 2c),上述两系统合并,红外亮温 $\leqslant-53℃$ 的冷云盖面积迅速扩大为 1.0×10^{4} km^{2},云顶亮温 $-63℃$,受中条山—王屋山地形阻挡,移速明显减慢;21:00—23:00(见图 2d—f),MβCS 系统分裂为南北两部分,向东移动过程中冷云盖面积减小,云顶高度降低,强度减弱,23 时云顶亮温为 $-53℃$。因此,造成山西东南部大暴雨的直接影响系统是 MβCS(中尺度对流系统),阳城最强降水发生在 MβCS 减弱东移的过程中。

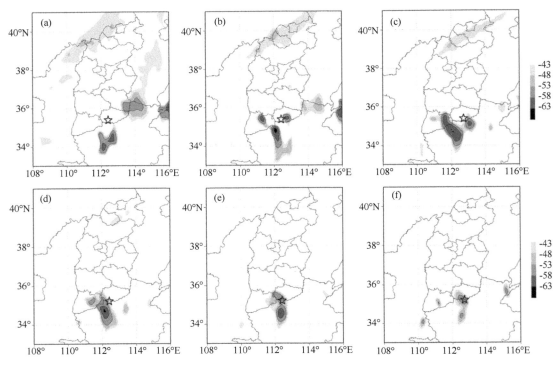

图 2　2013 年 7 月 9 日 18:00—23:00 静止卫星云顶亮温观测(单位:℃,星号代表阳城位置)

3 试验方案

3.1 模式概况

本研究采用的数值模式为 WRF ARW 3.4.1。试验采用了双向反馈的三重嵌套网格，模拟中心为 112.6°E，37.8°N，水平网格距分别为 27 km、9 km、3 km，格点数对应为 150×150、169×169、229×304。模式顶高 50 hPa，垂直方向 40 层，2km 以下 18 层，最底层为 20 m。初始场和背景场选用 2013 年 7 月 9 日 20:00 至 10 日 20:00 的 NCEP/NCAR 1°×1°再分析资料，6 小时更新一次侧边界，积分时间 24 小时，时间步长 120 秒。模式主要参数化方案如表 1。

表 1 模式参数化方案

分辨率(km)	微物理过程	积云参数化	边界层	陆面过程	长波辐射	短波辐射
27	WSM5	Grell-Devenyi	Monin-Obukhov	Noah	RRTM	Goddard
9	WSM5	Grell-Devenyi	Monin-Obukhov	Noah	RRTM	Goddard
3	WSM5	/	Monin-Obukhov	Noah	RRTM	Goddard

3.2 综合云分析方法介绍

美国俄克拉何马州大学"风暴分析预报中心"开发的非静力中尺度数值模式 ARPS (Advanced Regional Prediction System)，提供了一套完善的资料分析系统 ADAS[5]。ADAS 的重要功能是综合云分析(Complex Cloud Analysis)，可以加入地面报文、红外云图等资料，给数值模式提供更为准确的初始水汽场。本文利用综合云分析模块，加入静止卫星云顶 TBB 数据，将模式推算出的云顶亮温与卫星观测到的亮温资料进行比较，修正云的分析。当卫星观测亮温大于推算亮温，减少云覆盖量或云厚度，直到二者一致；当卫星观测亮温小于推算亮温时，增加云覆盖量或云的厚度，或加入一层新的云，直到二者一致[3,6]。

同时，本研究对各高度层的相对湿度阈值进行了修正。各层的相对湿度阈值应考虑随高度的变化。根据蔡淼[7]、周毓荃[8]等研究成果，相对湿度阈值从 2～10 km 有随高度增加而降低的趋势，2～8 km 范围内降低较为缓慢，8～10 km 范围内降低明显，分段拟合得到各层相对湿度阈值的计算公式：

$$RH_0 = \begin{cases} 0.91, & (0 \leqslant H < 1) \\ -0.064 \times H + 0.97, & (1 \leqslant H < 2) \\ -0.012 \times H + 0.87, & (2 \leqslant H < 7.562), \\ -0.040 \times H + 1.08, & (7.562 \leqslant H \leqslant 10) \\ 0.68, & (10 < H) \end{cases} \quad (1)$$

当高度小于 1 km 时，相对湿度阈值相对湿度阈值为 91%，与邱珩[6]利用 2009 年 4 月张家口 Vaisala RS92 型号探空与 K/LLX502B 型激光测云雷达对比得出的相对湿度阈值 90%～95%一致。考虑 RH_0 随高度的真实变化，可以提高模式对云顶高度、云厚度、云中"无云夹层"等的辨识能力，提高"云调整方案"的敏感性和准确性。

3.3 对比试验设计

设计两个试验方案:a 为控制试验,不进行综合云分析;b 为敏感性试验,加入 2013 年 7 月 9 日 20:00 的卫星云顶亮温资料和地面报文数据。通过两组试验预报结果的对比,分析融合卫星资料对于降水强度、降水落区的影响。

4　试验结果对比

4.1　24 小时累积降水对比

从图 3 中可以看出,两组试验均模拟出一条西南—东北走向的暴雨带,但对于雨带位置的预报有显著的差异。控制试验中(见图 4a)与实况相比,暴雨带位置偏西约 150 km,范围偏小,大暴雨区位于临汾—运城交界一带,最大降水中心位于侯马附近(虚假中心),24 小时最大降水量 220 mm。敏感性试验中(见图 4b),暴雨带位置与实况更为接近,强降水中心位于阳城附近,中心最大降水量 220 mm,阳城站降水量 159.3 mm,与实况较为吻合。此外,敏感性试中,山西中北部中雨—大雨的模拟范围偏小,强度偏弱。ADAS 虽然能够改善强降水的预报,但也存在一定的不足。

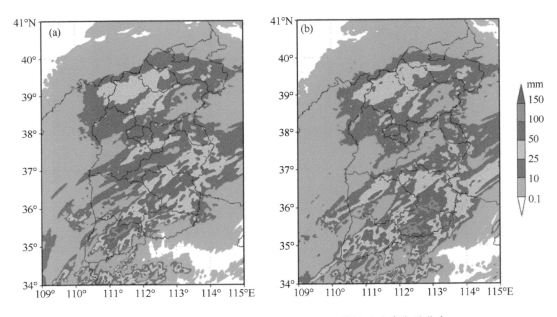

图 3　2013 年 7 月 9 日 20:00—10 日 20:00 模拟试验降水量分布
（a. 控制试验;b. 敏感性试验,单位：mm）

表 2 给出两组实验的预报评分效果。融合卫星云顶亮温数据后,改善了强降水的预报效果,降水带、降水中心以及降水强度的预报更接近于实际。对于暴雨、大暴雨以上强降水,敏感性试验 TS 评分分别提高了 0.07、0.17,有效减少了强降水的"空报"。

表 2 控制试验与敏感性试验累积降水评分

试验方案	累积降水量(mm)	TS 评分	PO 漏报	FAR 空报
控制试验	>0.1	1	0	0
	>10	0.79	0.20	0.02
	>25	0.56	0.36	0.19
	>50	0.29	0.59	0.50
	>100	0	1	1
敏感性试验	>0.1	1	0	0
	>10	0.70	0.27	0.05
	>25	0.54	0.36	0.23
	>50	0.36	0.53	0.38
	>100	0.17	0.80	0.50

分别计算两组实验模拟 24 小时降水量与降水实况的站点相关系数。站点相关系数的计算公式为:

$$r = \frac{\sum_{i=1}^{N}(f_i - \overline{f_i})(o_i - \overline{o_i})}{\sqrt{\sum_{i=1}^{N}(f_i - \overline{f_i})^2}\sqrt{\sum_{i=1}^{N}(o_i - \overline{o_i})^2}} \tag{2}$$

其中,N 为站点数,f_i、$\overline{f_i}$ 为第 i 站模拟降水量及其平均值,o_i、$\overline{o_i}$ 为第 i 站降水观测值及其平均值。站点相关系数反映了模式结果与实况观测的空间相关性,体现了模拟结果趋近于实况的程度。相关系数越大,越接近于观测。两组试验与实况都有较好的站点相关性。控制实验相关系数为 0.36,而敏感性试验达到 0.58。因此,融合卫星云顶 TBB 资料后,模式降水的分布形态与实况更为接近。

4.2 初始场中尺度特征

从两种方案 24 小时降水量模拟效果对比分析来看,敏感性试验比控制试验模拟效果好。这是因为,与控制试验相比,敏感性试验形成了更为合理的水汽初始场。图 4 为积分 1 小时后,敏感性试验与控制试验的水汽(比湿)差值场与水平风差值场。积分 1 小时后,700 hPa 上空,敏感性试验在阳城以南出现 4 g/kg 的增湿中心,低层风场辐合位于阳城附近,与 MβCS 对应。300 hPa 高度,敏感性试验在阳城附近出现 0.5 g/kg 的弱增湿中心,配合强辐散水平风场,"抽吸作用"显著,对流发展旺盛。因此,融合卫星云顶 TBB 数据后,模式能较好地反映出实际湿度场的中尺度特征,尤其有效增强了对降水有重要影响的高湿区的分析,同时相关的动力场能够快速协调适应,避免预报失败。

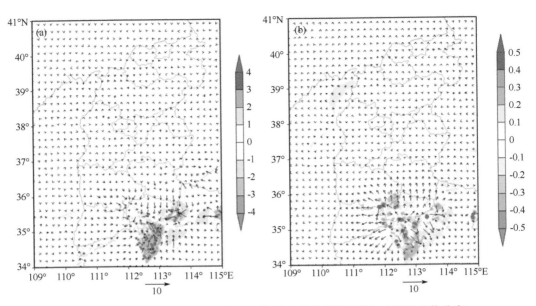

图 4　积分 1 小时后敏感性试验减去控制试验的比湿差值与水平风差值分布

（a. 700 hPa 高度；b. 300 hPa 高度；色斑为比湿差值，单位：g/kg；黑色箭头为水平风矢量，单位：m/s）

4.3　融合卫星云顶数据对降水临近预报的影响

图 5 提供了两组实验初始 3 小时内逐时降水量与地面风场分布图。控制试验中，21：00 地面风场辐合中心位于运城中部，22：00—23：00 系统东移过程中出现局地强降水。敏感性试验中，21：00 地面风场辐合中心位于运城与晋城交界处，地面出现零星降水，系统位置与卫星 TBB 反演出的 MβCS 吻合；22：00，系统东移，降水强度增大，强降水区位于 MβCS 移动方向的右侧；23：00，系统东移北抬，50 mm 以上强降水区开始影响阳城。

控制试验与敏感性试验的降水临近预报对比可以看出，控制试验 3 小时内强降水范围较小，强度较弱，位置明显偏西。因此，如果不融合卫星资料，模式无法准确预报强降水系统位置、强度等，强降水出现时间、雨带位置等只有相对意义，没有绝对意义。融合卫星资料后，模式能够更加有效地预报出未来 3 小时内降水模态的变化和移动。

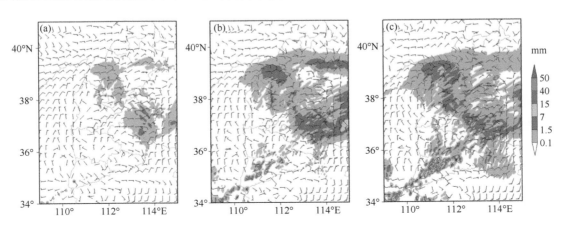

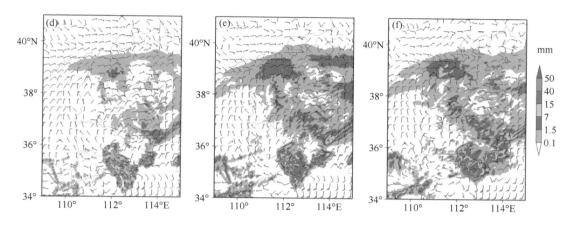

图 5 控制试验(a、b、c)与 敏感性试验(d、e、f)前 3 小时逐小时降水量与地面风场分布
(a,d. 20:00—21:00;b,e. 21:00—22:00;c,f.22:00—23:00)

5 小结与讨论

以 ADAS 综合云分析系统和 WRF 中尺度数值模式为基础,通过对 2013 年 7 月 9 日夜间山西南部强降水过程的模拟分析和预报对比,探讨了卫星云顶资料对于山西暴雨数值预报的影响,得到以下值得参考的结论:

(1)2013 年 7 月 9—10 日山西东南部暴雨—大暴雨过程,发生在高空槽引导西北涡东移的环流背景下,与低空低涡系统相伴的风场切变线是造成此次强降水过程的主要影响系统,最强降水发生在 MβCS 减弱东移的过程中。

(2)将卫星云顶资料引入模式初值场,能够更好地反映出湿度场的中尺度特征,尤其有效加强了对降水有重要影响的高湿区的分析,同时动力场与湿度场快速协调适应。

(3)融合卫星云顶数据后,模式改善了 24 小时降水预报效果,尤其对暴雨、大暴雨等强降水的预报有显著改善。融合卫星数据可以有效减少强降水的空报,降水带、降水中心以及降水强度的预报更接近于实际。

(4)融合卫星数据后,模式能够更加有效地预报出未来 3 小时内降水模态的变化和移动。

将卫星云顶 TBB 数据加入到数值模式中,可以显著改善高层云的分析。但是,如果高、中、低云同时存在,而卫星不能观测到中低云,此时需要加入雷达资料进行综合云分析,在今后需要予以关注。

参考文献

[1] 朱明,郁凡,郑维忠,等.卫星反演湿度场及其在暴雨预报中的初步应用分析.气象学报,2000,58(4): 470-477.

[2] 齐艳军,王汉杰,程明虎.卫星资料反演湿度场改变模式初值对降水预报的影响.应用气象学报,2003,14 (6):663-673.

[3] 鄢俊一,王洪庆,张炎,等.卫星资料在中尺度模式 ARPS 中的应用.北京大学学报(自然科学版),2006,

42(6):791-795.

[4] Zhang D L，Fritsch J M. A case study of the sensitivity of numerical simulation of mesoscale convective system to varying initial conditions. *Mon. Wea. Rev.* ,1986,**114**:2418-2431.

[5] Xue Ming，Kusaka H，Kimura F，Hirakuchi H，*et al*. The effects of land-use alteration on the sea breeze and daytime heat island in the Tokyo metropolitan area. *Journal of the Meteorological Society of Japan*，2000,**78**(4):405-420.

[6] 丘珩. GPS 加密探空资料在 2009 年春季张家口地区云降水分析中的应用研究[D]. 北京大学硕士学位论文. 2010.

[7] 蔡淼,欧建军,周毓荃,等. L 波段探空判别云区方法的研究. 大气科学，2014,**38**（2）:213-222.

[8] 周毓荃,欧建军.利用探空数据分析云垂直结构的方法及其应用研究.气象,2010,**36**(11):50-58.

卫星与雷达 QPE 产品在 2014 年吉林省暴雨天气中的应用对比分析

胡中明[①1]　　胡洪泉[2]　　荣焕志[3]

(1. 吉林省气象台,长春 130062;2. 吉林省防雷减灾中心,长春 130062;

3. 吉林省民航机场集团延吉机场公司航务保障部,延吉 133000)

摘　要: 运用 FY-2E 气象卫星多种时效与吉林省多部多普勒雷达拼图 1 小时 QPE 产品,结合吉林省观测站及加密自动站雨量资料、常规高低空观测资料等对 2014 年夏季发生在吉林省境内的几场暴雨天气进行了分析,结果表明:由于卫星、多普勒雷达 QPE 产品时空分辨率高、产品丰富和某些要素场变化较降水变化超前的优点,配合加密自动站雨量的实时降水资料。可以对暴雨的监测及短时临近预报预警有很好指示意义,产品的应用可为暴雨预警及时发布提供有效支撑,提高预警准确率,从而有效防止和减轻气象灾害。

关键词: 卫星、雷达 QPE 产品;暴雨;预警发布

1　前言

目前,国内外利用卫星图像资料估计降水的方法大致有以 Scofield 技术为代表的云生命史法[1]和以 Ajkin 为代表的云指数法[2],云指数法又称云分类法。在国内细致地分析中国的降水特点,利用卫星云图估计强对流降水云团的降水及梅雨降水等均做了大量工作。郑媛媛[3]曾利用汛期每小时 GMS-4 的红外资料估算单站降水量级和分区降雨量级,结果发现测站降雨量级和其上空一定范围内的云顶温度有较明显关系,降雨量级随着云顶温度降低而增大的趋势等一些统计事实。并通过实验证明,云顶温度和反照率共同用来估算降水量将起到相辅相成作用,有利于提高降雨量估算的准确率。吕晓娜[4]曾对 SWAN 中定量降水估测产品进行过检验与误差分析,结果发现 QPE 对区域性降水有更好的估测或预报能力。区域降水过程中,QPE 对降水中心范围和位置估测较准确,估测值较实况偏大;那么卫星和雷达 QPE 产品对吉林省强降水天气是否有指示意义,估测精度又如何? 为此本文文运用常规天气观测产品与风云卫星 QPE 产品、吉林省五部多普勒雷达 SWAN 二次产品中 1 小时 QPE 产品、吉林省观测站及加密自动站雨量等资料对 2014 年夏季发生在吉林省境内的几次暴雨过程进行了分析,旨在发现卫星各种时效 QPE 产品及雷达 QPE 产品对降水估测能力,掌握其规律和性能,为今后更好监测强降雨及发布相关预警做好铺垫。

2　降水实况

受高空槽、低层低涡和地面气旋共同影响,2014 年 8 月 23 日 08 时—26 日 08 时,吉林

①　13654398551,mingzhonghu0081@sina.com

省出现明显降水天气,中西部和南部地区雨量较大。加密站雨量过程降雨量在 100 mm 以上的有 13 站。降水量前十位的集中在通化和长春地区。全省平均降水量达 26.1 mm,除东北部延边地区外,其他地区降水量全部超过 20 mm。由于之前的主汛期吉林省降水少,遭受了严重干旱,主产粮区出现"掐脖旱",此次降水使我省农田土壤水分得到了明显改善,从 8 月 26 日与 23 日土壤水分对比来看,全省平均土壤相对湿度提高 11.2%,8 月 26 日 08 时自动土壤水分监测 10～50 cm 平均土壤相对湿度数据显示全省大部分地方土壤相对湿度达到 60% 以上,土壤湿度较为适宜,旱情基本解除。由于当时全省大部旱田作物正处于灌浆中期,此次降水及时补充了农田土壤水分,对作物灌浆及产量形成起到至关重要的作用。

从 8 月 23—26 日逐日降水来看(图 1-6),23 日暴雨区位于我省通化地区北部,辉南、柳河 20 时日降水量为暴雨,1 小时内降水量都超过 20 mm,达到短时强降水标准。24 日暴雨区位于我省松原地区北部,20 时日降水乾安为暴雨。25 日暴雨区位于我省西南部的四平西部,20 时日降水梨树、孤家子为暴雨。26 日暴雨区位于我省东南部的通化南部,20 时日降水集安为暴雨。四天的暴雨区若以 125°N,45°E 为圆心,以 250 km 为半径的区域内呈逆时针旋转分布。另外暴雨还多发生在 1～3 小时内,小时雨强较大,因此具有明显中尺度特征。本文主要选取降水最强时刻前后的卫星和雷达 QPE 进行分析,旨在检验与分析 QPE 能力。

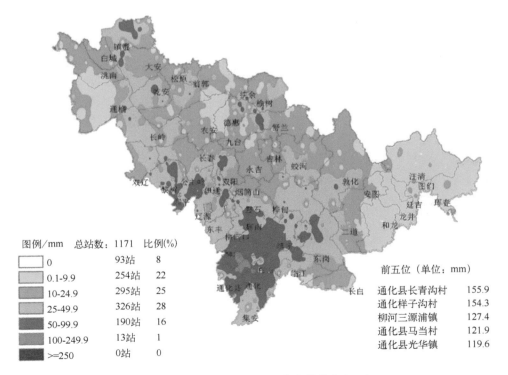

图 1　2014 年 8 月 23—26 日降水量分布(mm)

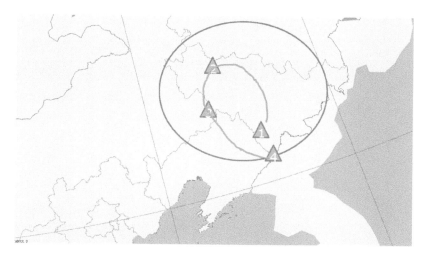

图 2　2014 年 8 月 23—26 日暴雨区分布

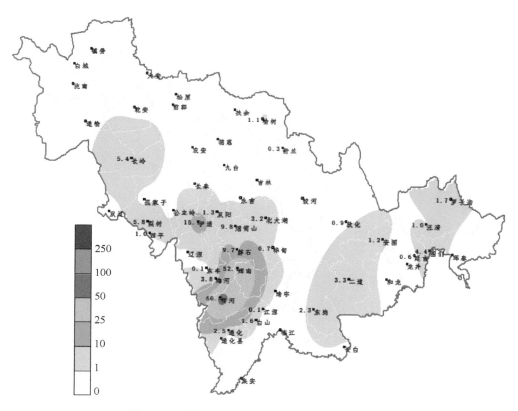

图 3　2014 年 8 月 23 日 20 时日降水（单位：mm）

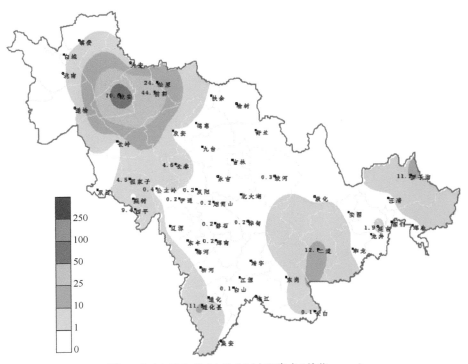

图 4　2014 年 8 月 24 日 20 时日降水（单位：mm）

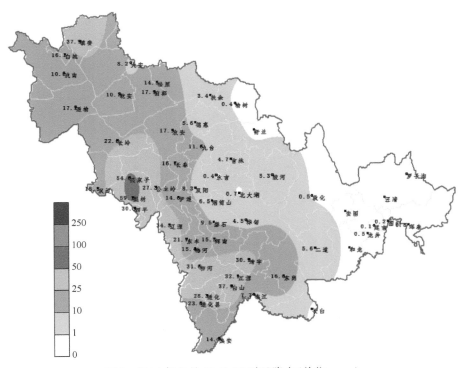

图 5　2014 年 8 月 25 日 20 时日降水（单位：mm）

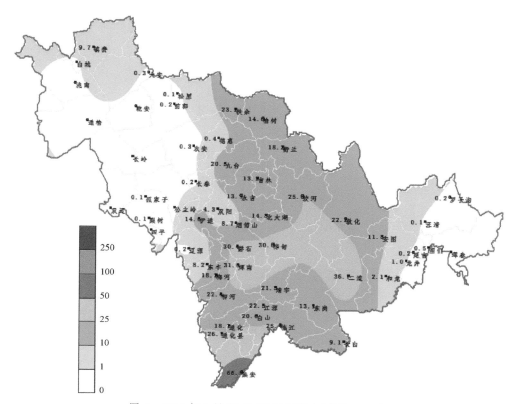

图 6　2014 年 8 月 26 日 20 时日降水(单位：mm)

3　高低空影响系统

3.1　高空影响系统

从 8 月 23—26 日 500 hPa 合成图来看(图 7),东亚地区为两槽一脊型,高空槽分别位于贝加尔湖和日本以东,黑龙江北部的俄罗斯远东地区为一高压脊,东部高压的稳定维持使得西部高空槽(北槽)移动缓慢,同时河套附近也有一高空槽(南槽),由于没有东部高压的阻挡,其移动速度较快。北槽的作用是提供冷空气,并使得低层低涡发展并呈逆时针旋转,南槽的作用是提供暖湿空气,正是南北两槽共同作用,连续 4 日造成我省暴雨。

3.2　地面影响系统

选取四天中每天降水最强时段的云图与邻近时次地面图(图 8—图 11)分析可以看出,对流云团发生于低压不同方位。分别是:8 月 23 日 14 时暖锋附近对流云团;8 月 24 日 15 时冷锋触发的对流云团;8 月 25 日 00 时低压中心对流云团,8 月 26 日 05 时冷锋尾部对流云团。

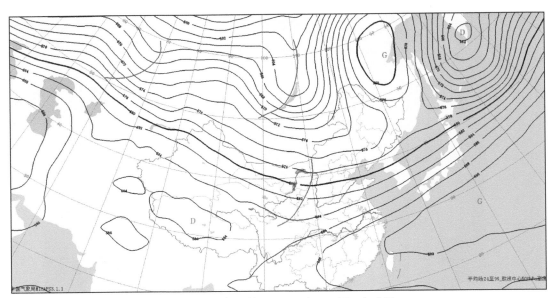

图 7　2014 年 8 月 23—26 日 500 hPa 合成图

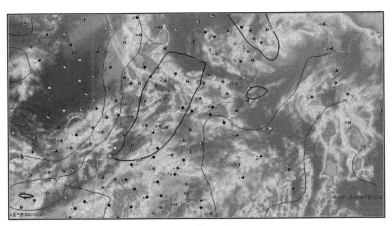

图 8　FY-2E 2014 年 8 月 23 日 14:00

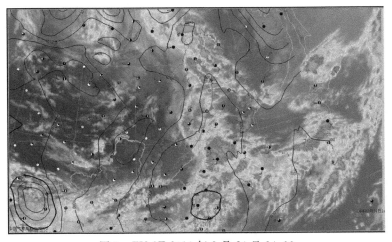

图 9　FY-2E 2014 年 8 月 24 日 14:00

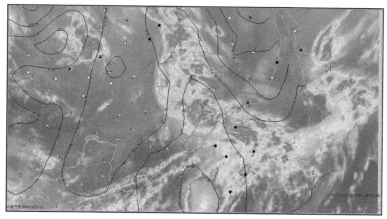

图 10　FY-2E 2014 年 8 月 24 日 23：00

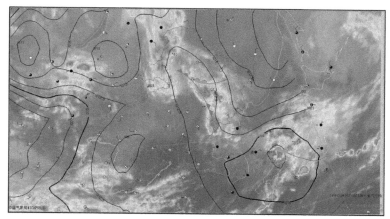

图 11　FY-2E 2014 年 8 月 26 日 05：00

4　卫星与雷达 QPE 检验分析

4.1　8 月 23 日午后

从 FY-2E 卫星 6 小时、3 小时、1 小时及 SWAN 雷达 QPE 产品 8 月 23 日午后 14 时（图 12—图 17）结果可见,我省东南部有较强降水,四者落区范围基本较为一致,从 1～6 小时、1～3 小时加密站降水和 QPE 产品定量降水估测对比可以看出,卫星 6 小时、3 小时 QPE 产品对于强降水有较好的指示意义,对于柳河、辉南站暴雨 6 小时 QPE 估测为 52.7 mm,与实况（52.1 mm）基本吻合,3 小时 QPE 估测为 37.6 mm,比实况 49.5 mm 偏小。但 1 小时 QPE 估测明显偏小,仅为 10.6 mm。从雷达 1 小时 QPE 来看,估测结果接近 40 mm,与实况降水 42.9 mm 的降水比较一致。卫星 6 小时 QPE 与雷达 1 小时 QPE 最为接近,几个 QPE 产品对强降水周围小到中雨,落区、量级也基本吻合,降水位置与量级均比较准确。根据降水 QPE 产品及雷达 QPF 产品（定量降水预报）,那么该区域累计降水量将超过 50 mm,达到发布暴雨预警标准,吉林省气象台根据此产品于 16 时 16 分发布暴雨蓝色预警:目前,四平东南、长春东南、吉林西南、通化中北部个别乡镇已经出现大雨,局部暴雨,预计未来 12 小时,上述地区仍有

8～25 mm 降水,局部地方伴有雷雨大风或冰雹等强对流天气,请相关部门和广大群众注意预防。预警发布成功,提前量为 30～60 min。

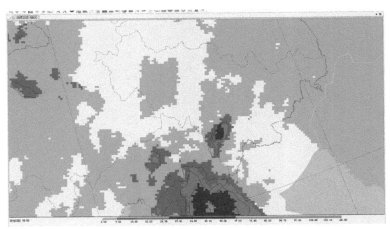

图 12　FY-2E 2014 年 8 月 23 日 14:00 六小时降水估计(mm)

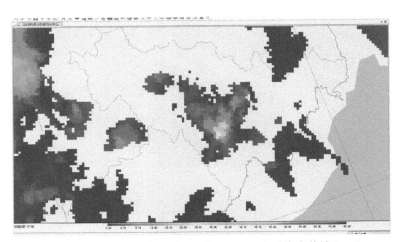

图 13　FY-2E 2014 年 8 月 23 日 14:00 三小时降水估计(mm)

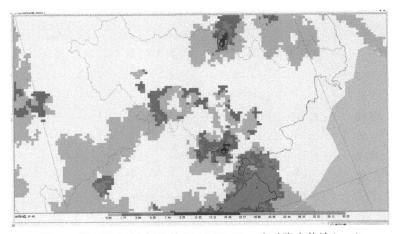

图 14　FY-2E 2014 年 8 月 23 日 14:00 一小时降水估计(mm)

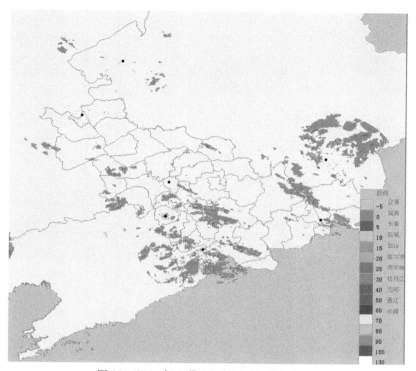

图15　2014 年 8 月 23 日 14:00 雷达 QPE

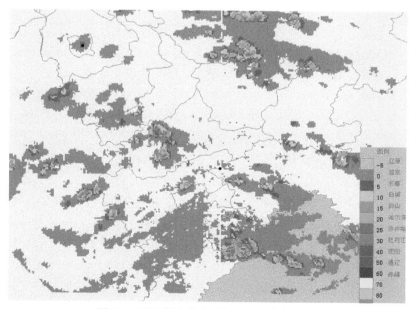

图16　2014 年 8 月 24 日 14:00 雷达 QPE

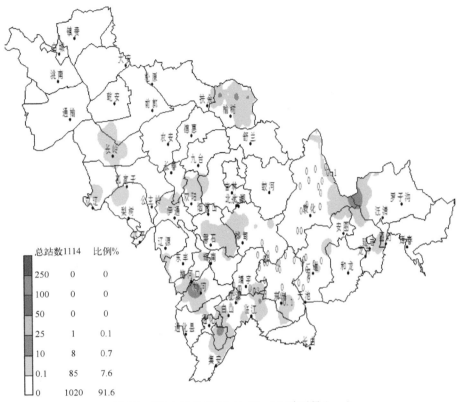

图 17　2014 年 8 月 23 日 13—14 时雨量(mm)

4.2　8 月 24 日午后

从卫星 6 h(资料缺)、3 h、1 h 及 SWAN 雷达 QPE 产品 8 月 24 日午后 14 时结果(图略)可见,我省西北部有较强降水,四者落区范围基本较为一致,从 1 h 加密站降水和 QPE 产品定量降水估测对比可以看出,卫星 3 h QPE 产品对于强降水有较好的指示意义,对于乾安站暴雨 3 h QPE 估测为 36.1 mm,比实况 50.9 mm 偏小。但 1 h QPE 估测明显偏小,仅为 3.8 mm。从雷达 1 h QPE 来看,估测结果接近 15 mm,与实况降水 45.8 mm 的降水比较可知,雷达 QPE 明显偏小。卫星 3 h QPE 最为接近,几个 QPE 产品对强降水周围小到中雨,落区、量级也基本吻合,降水位置与量级均比较准确。

4.3　8 月 24 日午夜

从卫星 6 小时、3 小时(缺)、1 小时及 SWAN 雷达 QPE 产品 8 月 24 日午夜 00 时前后结果可见,我省西南部有较强降水,三者落区范围基本较为一致,从 1 小时加密站降水和 QPE 产品定量降水估测对比可以看出,卫星 6 小时、3 小时 QPE 产品对于强降水有较好的指示意义,对于梨树暴雨 6 小时 QPE 估测为 33 mm,比实况 43.3 mm 略小。1 小时 QPE 估测明显偏小,仅为 11.3 mm,比实况 27.3 mm 偏小。从雷达 1 小时 QPE 来看,估测结果接近 50 mm,与实况降水 38.1 mm 的降水比较可知。卫星 6 小时 QPE 与雷达 1 小时 QPE 最为接近,卫星 QPE 偏小,雷达 QPE 偏大。几个 QPE 产品对强降水周围小到中雨,落区、量级也基本吻合,降水位置与量级均比较准确。

4.4 8 月 26 日 5 时

从卫星 6 小时（缺资料）、3 小时、1 小时及 SWAN 雷达 QPE 产品 8 月 26 日 05 时前后（图 18—图 21）结果可见，我省东南部有较强降水，三者落区范围基本较为一致，从 1 小时加密站降水和 QPE 产品定量降水估测对比可以看出，卫星 3 小时 QPE 产品对于强降水有较好的指示意义，对于集安暴雨 3 小时 QPE 估测为 19.6 mm，但 1 小时 QPE 与实况相比位置偏北，对集安站估测明显偏小，仅为 4.3 mm。从雷达 1 小时 QPE 来看，估测结果接近 20 mm，与实况降水 16.9 mm 非常吻合。由此可知，卫星 3 小时 QPE 与雷达 1 小时 QPE 与实况最为接近，效果非常好。几个 QPE 产品对强降水周围小到中雨，落区、量级也基本吻合，降水位置与量级均比较准确。

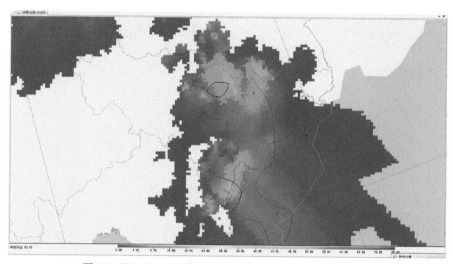

图 18   FY-2E 2014 年 8 月 26 日 05:00 三小时降水估计

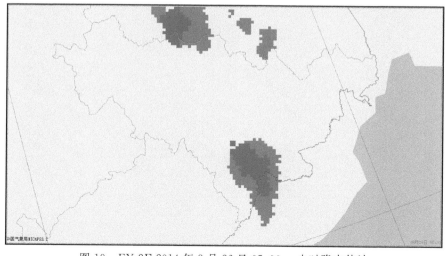

图 19   FY-2E 2014 年 8 月 26 日 05:00 一小时降水估计

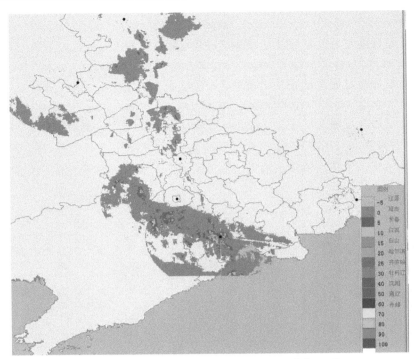

图 20　FY-2E 2014 年 8 月 26 日 05：00 雷达 QPE

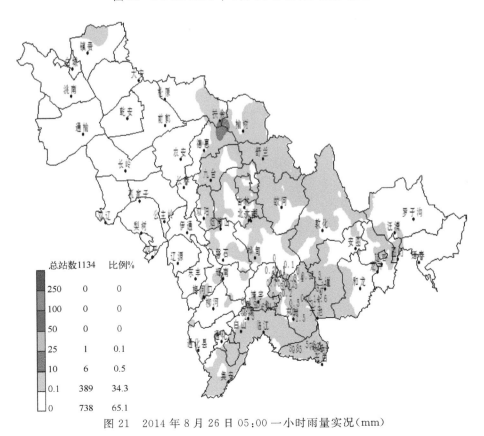

图 21　2014 年 8 月 26 日 05：00 一小时雨量实况（mm）

5　总结与讨论

利用四个暴雨个例对卫星和雷达 QPE 产品分析检验可知,虽然每个个例对降水估测能力各有不同,但也得出一些有益结论:

(1)卫星 QPE 产品中,3 小时 QPE 对监测短时暴雨最为有效,与降水实况较为吻合,6 小时 QPE 的缺点在于时间分辨率不够,有的时段有空档,加之资料不全。而 1 小时 QPE 由于资料后处理时间滞后,对降水估测普遍偏小等缺点可用性也不强。建议今后加强对卫星 3 小时 QPE 产品应用检验,它对短时强降水预报效果更好,且对于面雨量估测效果要好于雷达。

(2)雷达 QPE 产品中,1 小时 QPE 效果较好,可以和卫星 QPE 产品相互校正,互为补充。

(3)雷达 1 小时 QPE 和卫星 3 小时 QPE 对小、中、大量级降水效果均较好,且时空分辨率更高,雷达对单点降水估测效果更好。

当然上面分析的个例大多比较成功,可能也有一些不成功的个例,今后还应继续整理分析,找出规律,为暴雨监测预警及时准确发布提供参考。

参考文献

[1]　Scofield R A, and Oliver V J. A scheme for estimating convective rainfall from satellite imagery. In: NOAA Tech. Memo. NESS 86, U. S. Dept. Commerce, Washington, DC, 1977:47.

[2]　马芳等. 多通道卫星云图云检测方法的研究. 大气科学,2007,**31**(1):120-128.

[3]　郑媛媛,等. 用可见光与红外云图资料综合作雨量估算的试验. 热带气象月报,1998,**14**(3):263-270.

[4]　吕晓娜,等. SWAN 中定量降水估测和预报产品的检验与误差分析. 暴雨灾害,2013,**32**(2):142-150.

一次干侵入卫星水汽图像和雷达特征分析[①]

杨淑华　　梁进秋　　刘洁莉　　张玉芳

徐　鑫　贾利芳　秦雅娟　陈　真

(大同市气象局,大同 037010)

摘　要:利用 NCEP/NCAR 1°×1 °再分析资料、FY-2C 卫星资料及 CINRDA/CB 多普勒雷达产品,分析 2010 年 7 月 10 日发生在山西的一次强对流天气,结果表明:在冷涡发展过程中干侵入在水汽图像上特征明显:干侵入与 300 hPa 冷涡后部下沉运动相对应,冷涡头部白亮区都与高比湿区相对应;干侵入对应的 400~200 hPa 高度上位涡为正值且都为高位涡区。500 hPa 高度上绝对涡度高值区走向、范围和强度变化与冷涡有很好对应关系,干侵入对冷涡的发生、发展起着至关重要作用,为冷涡发生发展提供了动力条件;当干侵入表现为狭窄干黑带时,多普勒雷达上零散回波将会继续发展加强,在日常业务中应该用多普勒雷达与卫星水汽图像相结合的方式判断强天气影响区域及强度。

关键词:冷涡;干侵入;位涡;卫星水汽图像;多普勒雷达

1　前言

蒙古冷涡是华北地区夏季产生强对流天气的主要影响系统,它带来的雷雨大风和冰雹等强天气常常造成严重灾害。而强对流天气是在特定的大尺度天气系统背景下产生的时间尺度和空间尺度相对较小且具有局地性强特点,从时间、落区和强度上都比较难把握。近年来随着干侵入概念的引入,国内外学者都进行了深入研究。姚秀萍研究了与梅雨锋相伴的干侵入特征,表明干侵入对梅雨期首场暴雨的形成和发展起到了重要作用[1];闫凤霞等利用 MM5 V₃ 数值模式模拟了一次梅雨暴雨过程,分析了干侵入对暴雨的影响[2];吴迪等[3]研究干侵入对东北冷涡过程的作用。沈浩等研究干空气入侵对东北冷涡降水发展的影响[4],认为干空气对东北冷涡降水云系的主要作用是,密度较高的高层干冷空气下沉迫使干侵入前沿暖湿气流抬升,从而促进了东北冷涡降水发展。

目前关于干侵入对影响山西的蒙古冷涡过程的研究不多,而且冷涡和卫星云图都属于大尺度系统,对预报中小尺度预报其有局限性。本文在研究干侵入对蒙古冷涡发生发展及其触发机制的同时结合多普勒雷达产品进行分析,从中积累预报经验,为强对流天气提供理论依据。

---

①　作者简介:杨淑华(1968—　　),女,黑龙江铁力人,1992 年毕业于北京气象学院大气科学系天气动力专业,高级工程师,主要从事天气预报研究。E-mail:1004022454@qq.com

基金项目:山西省气象局项目(SXKYBTQ201510056)资助

2　资料选取

利用 NCEP/NCAR 1°×1°一天 4 次 26 层再分析资料、FY-2C 卫星资料、常规气象观测资料及山西北部大同地区 CINRAD/CB 多普勒天气雷达产品,对 2010 年 7 月 10 日发生在山西的一次冷涡过程进行分析,通过卫星水汽图像和大气动力热力场相结合揭示干侵入机制及其特征。

3　环流形势特点分析

受蒙古冷涡影响,2010 年 7 月 10 日山西不同程度出现对流天气,强对流主体发生在 10 日下午 16:00—19:00,地点在忻州以北地区。代县、偏关、大同县、天镇和浑源五县出现冰雹,直径分别为:9 mm、4 mm、2 mm、7 mm 和 6 mm。16:00—18:00 浑源 2 小时降雨量 22.9 mm。18:00—21:00 天镇 3 小时降雨量 20.4 mm。这次对流天气在山西持续了近 4 小时,雨量分布极不均匀,具有尺度较小局地性强的特点。

7 月 9 日 08:00 500 hPa 环流形势图上(图略),在乌拉尔山东部地区有一庞大冷涡,冷涡分裂的冷空气入侵到贝加尔湖地区高压脊内,7 月 9 日 20 时(图略)在贝加尔湖地区形成新的冷涡系统,中心气压值达到 560 dagpm,并有 -12 ℃ 的冷中心配合。7 月 10 日 08:00(图 1b)该系统东移南压影响山西地区带来强对流天气。

7 月 10 日 08:00 整个山西省 200 hPa 处于蒙古低压和南亚高压之间的高空急流带内(图 1a),西风强度达 46 m/s,低层 850 hPa 为 8 m/s 西南风,从低层到高层风的垂直切变很强。从各个层次的散度场来看,500 hPa(图 1b)的辐合上升转为 700 hPa(图略)的辐散下沉再到低层 850 hPa(图 1c)的上升运动,同时在低层 850 hPa(图 1c)上为西北风与西南风强辐合带。由南海输送的西南暖湿气流与由蒙古冷涡东南下带来的冷空气在山西省相遇,为 10 日下午到夜间发生的强对流天气提供了足够的动力、热力和水汽条件。

从 10 日 14:00 地面图上可以看出(图 1d),在二连浩特到新疆一带为庞大的低值系统,在二连浩特到陕西一带有一条东北—西南向的切变线,该切变线为西北风和西南风相切,西北风和西南风风速大值区在忻州以北地区,这些地区辐合最强,所以在蒙古冷涡底部西北气流推动下,该切变线向东南方向扫过山西时产生对流天气,强对流落区在忻州以北地区,大同最为剧烈。这次过程属于蒙古冷涡主体过后,其后部不断南下的冷空气与增温增湿的地面低涡切变线系统交汇而形成不稳定大气层结造成的对流天气[5]。

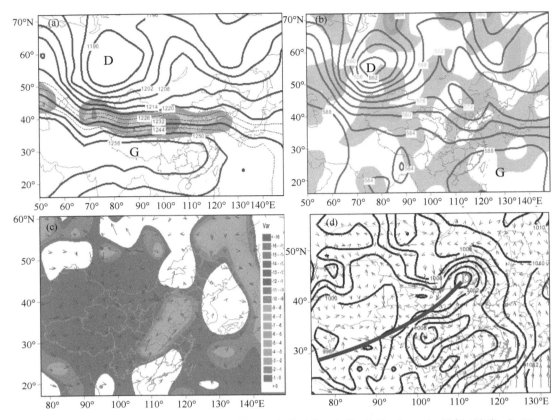

图 1　(a)2010 年 7 月 10 日 08:00 200 hPa 等压面的高度场(实线,单位:dagpm)、风场(风速 $u \geqslant 30$ m/s)(阴影);(b)500 hPa 等压面和散度(D)(阴影区,$D \leqslant 0$,单位:10^{-6} s^{-1});(c)850 hPa 风场(矢量,箭头为冷暖空气交汇),阴影区为上升运动 ω($\omega \leqslant 0$,单位:10^{-2} Pa/s);(d)地面气压场(实线,单位:hPa)和风场(矢量),粗实线为切变线

4　干侵入演变过程

　　2010 年 7 月 9 日 08:00 在 500 hPa 高度场上二连浩特至河套地区有一个槽线,在槽后西北气流的作用下,暗区已经非常明显,而且槽前边界较光滑(图 2a)。9 日 20:00 伴随冷空气扩散南下,槽线在二连浩特发展加强为冷涡,此时由于干侵入发展演变为螺旋状云带,山西北部受螺旋云带影响(图 2b)。10 日 08:00 伴随冷涡南压,山西以北地区处于槽后西北气流区,干侵入造成的暗区已经完全控制山西省北部地区,并在二连浩特南部形成新的暗区(图 2c)。10 日 11:00 干侵入变窄颜色变黑,云系在二连浩特已经呈明显的涡旋性旋转,山西北部地区位于涡旋云系底部,可以看到有明显的上升气流,这种气流为强降水提供了热力条件(图 2d)。10 日 16:00 干侵入的狭窄通道依然维持,并且干侵入已经控制山西北部地区,涡旋云系已经东移到河北地区,此时强降水开始(图 2e)。

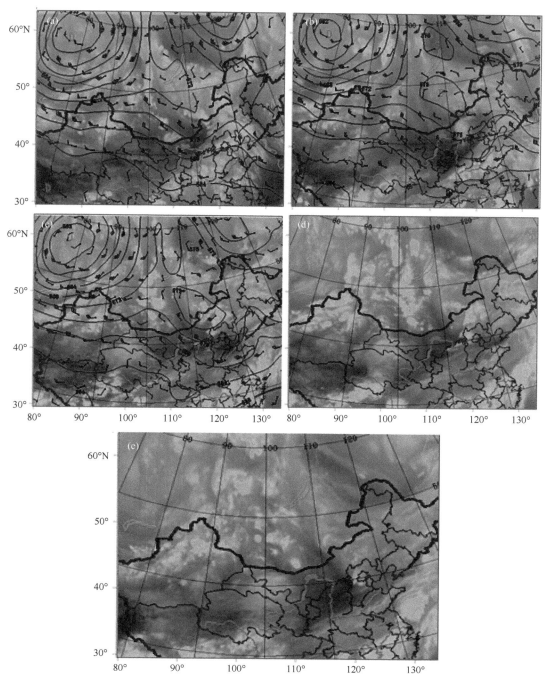

图2　500 hPa 位势高度(单位:dagpm)和风场(单位:m/s)与水汽图像叠加
(a. 9 日 08:00;b. 9 日 20:00;c. 10 日 08:00;d. 10 日 11:00 水汽图像;e. 10 日 16:00 水汽图像)

5 干侵入物理量场特征

从图 3 可以看出,从 9 日 08:00 到 10 日 08:00 干侵入与冷涡后部的下沉运动相对应,而冷涡头部的白亮区与上升运动相对应(图略)。

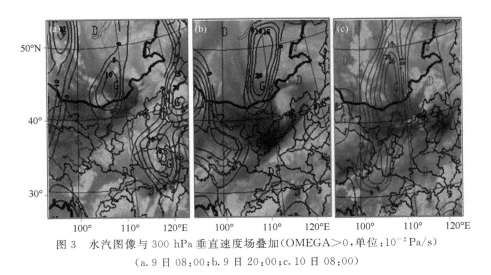

图 3 水汽图像与 300 hPa 垂直速度场叠加(OMEGA>0,单位:10^{-2} Pa/s)
(a. 9 日 08:00;b. 9 日 20:00;c. 10 日 08:00)

从图 4 可以看出,从 9 日 08:00 到 10 日 08:00 干侵入对应 400 hPa 的比湿几乎为零,而冷涡头部的白亮区都与高比湿区相对应。

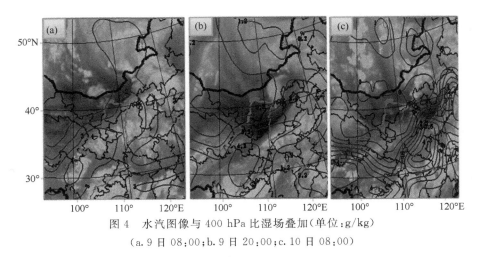

图 4 水汽图像与 400 hPa 比湿场叠加(单位:g/kg)
(a. 9 日 08:00;b. 9 日 20:00;c. 10 日 08:00)

从图 5 可以看出,从 9 日 08:00 到 10 日 14:00 干侵入对应的 400 hPa～200 hPa 高度上位涡均为正值且都为高位涡,正位涡表示有冷空气入侵。

相当位温是某一高度的气团下降(或上升)至参照气压值的位置时,经过绝热膨胀(或收缩)以及所含的水汽全部凝结为水滴释出潜热后,所具有的温度。从相当温度而言,相当位温也就是指某一高度的气团绝对移动至参照气压值位置时所具有的相当温度。它综合反映了温

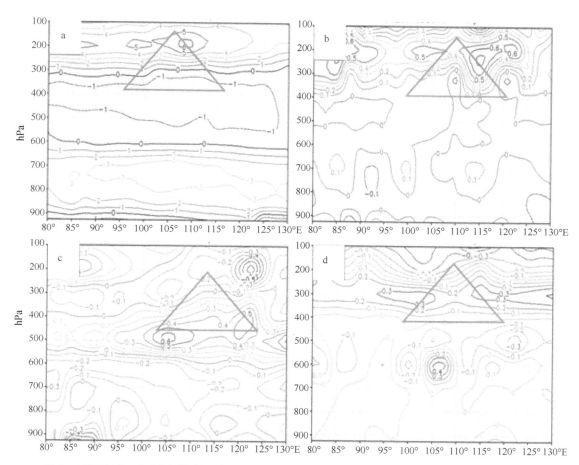

图 5　NCEP 1°×1°再分析资料反演位涡场剖面图(单位:1PUV,1PUV $=10^{-6}$ m^2/(s · k · kg))

(三角为干侵入区)

[a. 9 日 08:00(43°N);b. 9 日 14:00(40°N);c. 10 日 08:00(44°N);d. 10 日 14:00(41°N)]

度和水汽条件且具有在大气干湿绝热变化保守的性质。高值区代表高温高湿区,低值区代表地温低湿区。从图 6 利用 NCEP 1°×1°再分析资料反演的 500 hPa(图 6a)和 900 hPa(图 6b)相当位温场看,500 hPa 大气的相当位温值比 900 hPa 相当位温值小,说明暖湿层出现在对流层下部,上面是干冷空气,也就是说受干侵入影响,对流层中高层大气比低层干冷。干侵入的暗区与干冷区相对应。

由图 7 可见,从 7 日 08:00 到 10 日 14:00 绝对涡度大值区始终与冷涡相对应,9 日 08:00 冷涡强度最强,中心值 566 dagpm,绝对涡度中心值<27×10^{-5}s^{-1},9 日 14:00 冷涡强度减弱,中心值 570 dagpm,绝对涡度中心值<21×10^{-5}s^{-1},10 日 08:00 冷涡强度变化不大,中心值 569 dagpm,绝对涡度中心值<21×10^{-5}s^{-1},10 日 14:00 冷涡强度减弱,中心值 571 dagpm,此时绝对涡度中心值<20×10^{-5}s^{-1}。可见,500 hPa 高度上绝对涡度高值区的走向,范围和强度变化与冷涡有很好对应关系。因此干侵入对冷涡的发生、发展过程起着至关重要作用,为冷涡发生发展提供了动力条件。

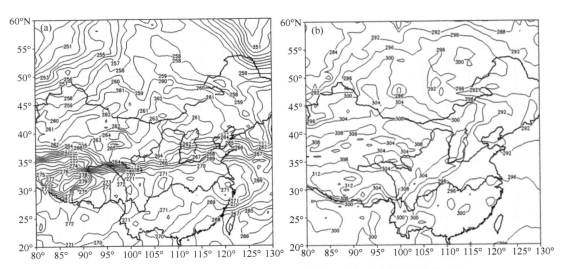

图 6　10 日 14:00 NCEP 1°×1°再分析资料反演相当位温场(单位:K)

(a. 500 hPa;b. 900 hPa)

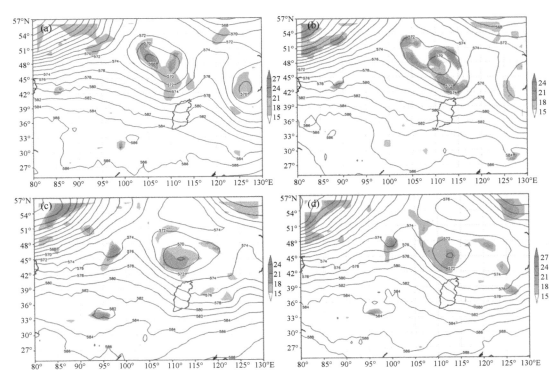

图 7　NCEP 再分析资料反演 500 hPa 绝对涡度场($\geqslant 13 \times 10^{-5} s^{-1}$,

阴影区,单位 $10^{-5} s^{-1}$)和 500 hPa 位势高度场叠加(实线,单位:dagpm)

(a. 09 日 08:00;b. 09 日 14:00;c. 10 日 08:00;d. 10 日 14:00)

一次干侵入卫星水汽图像和雷达特征分析 · 95 ·

6 干侵入多普勒雷达特征分析

由 13:59 大同多普勒雷达基本反射率与同时次水汽图像对比分析可知(图 8),在 14:00
水汽图像上位于二连浩特一带的涡旋云系和贝加尔湖南端的带状云系之间有一狭窄干黑带,
对应在多普勒雷达基本反射率上山西北部地区已经有零散回波生成。15:00 随着干侵入加强
涡旋云系旋转加强,头部白亮云系清晰可见,大同地区处于涡旋云系底部云系较白亮,表示水
汽含量较多。

图 9 分别为图 8 中 C、D、E 三个单体放大 8 倍基本反射率图,可见单体 C 为钩状回波,D
和 C 为块状回波并出现"V"型入流缺口特征。图 10a 为图 9 中 C 单体剖面图,可见低层有弱
回波区,中高层有悬垂回波,大于 60 dBZ 强回波区伸展到 8 km 以上,并且风暴顶位于低层反
射率因子高梯度区之上,根据当天探空资料可知(图略)0 ℃层高度小于 4.5 km,−20 ℃层高
度在 6 km 左右,0～6 km 有较强的垂直风切变,符合冰雹的三大环境条件[6]。图 10b 为图 9
中 C 单体径向速度图,图中圆圈为中气旋,表征该回波单体为超级单体风暴。从水汽图上可
以看到干侵入处于发展加强阶段,由此判断该回波未来经过的区域将有强天气产生。在日常
业务中,应该用多普勒雷达与卫星水汽图像结合起来判断强天气影响区域及强度。

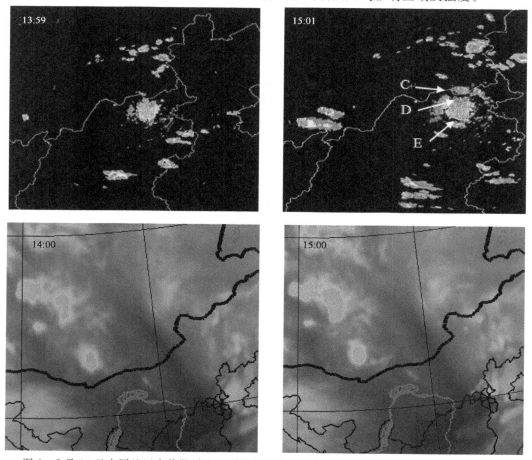

图 8 7 月 10 日大同地区多普勒雷达 1.5°仰角基本反射率(C、D、E 回波单体)与水汽图像叠加

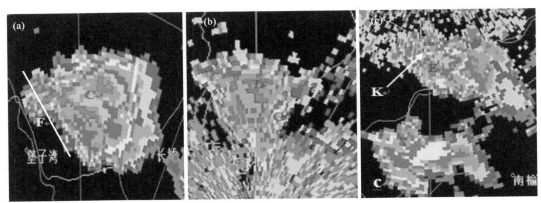

图 9 （a）（b）（c）分别为图 8 中 C、D、E 三个单体放大 8 倍后的基本反射率图

（C、D、E 为图 8 中三个单体，F 钩形回波，G、K 为"V"型缺口，直线为剖面方向）

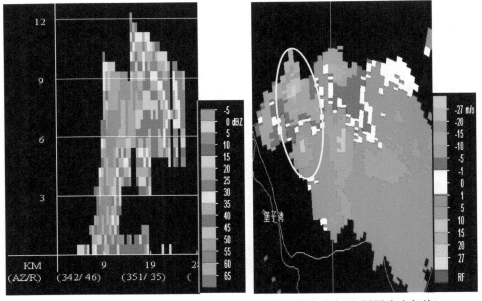

图 10 （a）为图 9 中 C 单体剖面；（b）为图 9 中 C 径向速度图（圆圈为中气旋）

7 结 论

（1）干侵入与 300 hPa 冷涡后部的下沉运动相对应，而冷涡头部的白亮区与 300 hPa 上升运动相对应；干侵入对应 400 hPa 高度上的比湿几乎为零，而冷涡头部的白亮区都与高比湿区相对应；干侵入对应的 400～200 hPa 高度上位涡为正值且都为高位涡区，表示有冷空气入侵。

（2）水汽图像上对流层中高层大气比低层干冷，干侵入的暗区与干冷区相对应，冷涡发展机制是高层干冷空下沉过程中与低层暖湿气流相遇，从而造成对流不稳定，为冷涡产生提供了有利条件。

（3）水汽图像上，黑暗区对应下沉运动区，白亮区对应上升运动区。当冷涡分裂出的冷空气从西北路分股东南下时在河套地区形成锋面,山西北部处在暗区的东南部,有持续的辐合上升,容易形成短时暴雨天气。

(4)500 hPa 高度上绝对涡度高值区的走向,范围和强度变化与冷涡有很好对应关系,干侵入对冷涡的发生、发展起着至关重要作用,为冷涡发生发展提供动力条件。

(5)当干侵入表现为狭窄干黑带时,此时多普勒雷达上的零散回波将会继续发展加强,可根据高空 300 hPa 急流方向确定回波带运动方向发布预警信号。在日常业务中,应该用多普勒雷达与卫星水汽图像相结合的方式判断强天气影响区域及强度。

参考文献

[1]　姚秀萍,吴国雄,赵兵科,等.与梅雨锋上低涡降水相伴的干侵入研究.中国科学(D辑),地球科学,2007,**37**(3):417-428.

[2]　闫凤霞,寿绍文,张艳玲,等.一次江淮暴雨过程中干空气侵入的诊断分析.南京气象学院学报,2005,**28**(1):117-124.

[3]　吴迪,姚秀萍,寿绍文.干侵入对一次东北冷涡过程的作用分析.高原气象,2010.29(5):1208-1217.

[4]　沈浩,杨军,祖繁,等.干空气入侵对东北冷涡降水发展的影响.气象,2014,**40**(5):562-569.

[5]　王在文,郑永光,刘还珠,等.蒙古冷涡影响下的北京降雹天气特征分析.高原气象,2010,**29**(3):763-777.

[6]　俞小鼎,姚秀萍,熊廷南,等.多普勒天气雷达原理与业务应用.北京:气象出版社,2006,122-123,106.

基于卫星云反演产品的宁夏测站云量云状自动分析系统[①]

杨有林[1]　　郑鹏徽[1]　　纪晓玲[1]　　马金仁[1]　　陈海波[2]

(1. 宁夏气象台,银川 750002；2. 宁夏气象信息中心,银川 750002)

摘　要:本文利用国家卫星气象中心风云—2 系列卫星云反演产品和地面云观测资料,通过对比分析和统计检验,尝试建立总云量和云状自动分析技术,开发了测站总云量、云状自动分析反演系统,输出测站总云量和云分类分析产品,填补了测站云观测取消后造成的测站云量、云状观测记录空白,并生成 MICAPS 数据格式,方便预报业务人员应用。

关键词:卫星；云量；云状；反演技术；自动分析；系统

1　引言

自有气象观测以来,云的观测一直是地面气象观测中最基本的人工观测项目。在地面气象观测业务中,云的观测主要是云量、云状和云高的观测[1]。云量观测包括总云量、低云量。总云量是指观测时天空被所有的云遮蔽的总成数,低云量是指天空被低云族的云所遮蔽的成数。云状观测主要以云的外形(亮度、色彩、延展、大小)及高度特征作为基础,结合云的成因发展及内部微观结构,分为高、中、低 3 族 10 属 29 类。

随着气象探测技术现代化,云的观测从地面人工观测逐渐发展到卫星观测和雷达探测,我们对云的认识从人工经验宏观观测逐渐发展到对云团内部结构特征的深层次认识,特别是对中小尺度云团、大尺度云系、云带等宏观特征,甚至云滴含水量、移向、移速等微观特征有了更清晰的认识,天气预报业务中对测站云状观测的关注也越来越多的依赖于卫星云图和雷达探测。

基于卫星云图的云总量和云分类分析方法研究较多[2~5]。这些研究成果对天气预报业务特别是灾害性天气监测分析及预警业务起到了很好的促进作用。中国气象局国家卫星气象中心基于风云二号卫星的云分析产品已业务化,包括云总量产品和云分类产品,每次卫星观测正点后 50 分钟生成产品,并通过气象信息网络广播下发。这些云总量和云分类分析产品为我们开展测站总云量和云状自动反演提供了捷径。因此,本文利用国家卫星气象中心风云—2 系列卫星云反演产品和地面云观测资料进行对比分析和统计检验,尝试建立总云量和云状自动

①　杨有林,宁夏回族自治区气象台副研级高级工程师。邮箱:nx_yyl@163.com；电话:13995177335,0951-5029852

分析技术,建立自动反演系统,为弥补云观测取消提供技术支撑。

2　资料与方法

2.1　资料

考虑到资料的连续性和代表性,本文所用资料为 2013 年 1—10 月 FY-2E 卫星逐时云总量和云分类反演产品和宁夏 27 个观测站 1—10 月总云量和云状观测资料。其中,卫星云总量和云分类反演产品为国家卫星气象中心生成的卫星云图格点产品,以 AWX 文件格式存贮,通过 CmaCast 系统下发。云总量(CTA)产品为云覆盖率(%),数值为 0~100;云分类(CLC)产品反演的目标物分为 8 类,分别为水面、陆面、层积云或高积云、高层云或雨层云、积雨云、密卷云、卷层云和混合像元;这两类产品均可在 Micaps 中按图元文件显示。

文中,1 月代表冬季,4 月代表春季,7 月代表夏季,10 月代表秋季。

2.2　方法

基于卫星云总量和云分类反演产品,通过站点插值建立卫星反演的宁夏测站云总量和云分类序列,与人工观测总云量、云状序列进行对比分析,分析两者之间的关系和产生误差的原因,对卫星反演的测站云总量和云分类的可用性进行评估,提出卫星云总量和云分类反演产品订正方案,建立云状、云总量反演系统。

3　卫星云总量和云分类反演产品分析及订正

3.1　云总量产品对比分析

对比分析 1—10 月卫星反演总云量和人工观测总云量整体状况发现,卫星反演总云量值一般较人工观测值偏小,反演总云量值很少出现 10 成云(图 1),当反演总云量值在 5~6 成云时,人工观测值已经达到 10 成云(图 2),而反演总云量值小于 5 成时,与人工观测值基本接近。从不同季节的对比分析看,卫星反演总云量存在明的季节性偏差。冬季偏差最大,当人工观测无云即总云量为 0 时,卫星反演总云量通常有 3 成以下云。春秋季偏差小于冬季而大于夏季;夏季偏差最小。

从一天不同时次的对比分析看,卫星反演的总云量白天好于夜间,特别是冬季,夜间分析的偏差更大。

综合分析结果表明:卫星反演总云量产品无法有效反映 10 成云,不能在业务中直接使用;冬季反演的云总量数据可信度不足;晴空或少云天时,反演云总量产品可直接使用;多云或总云量较多时(如超过 7 成云),反演值明显偏小,需结合可见光云图进行订正。

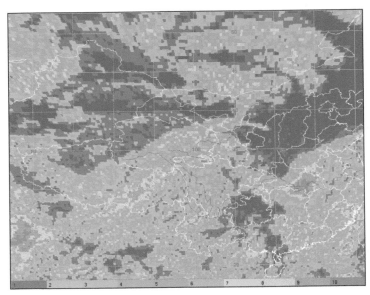

图 1　2013 年 7 月 21 日 05 时(北京时)总云量反演产品

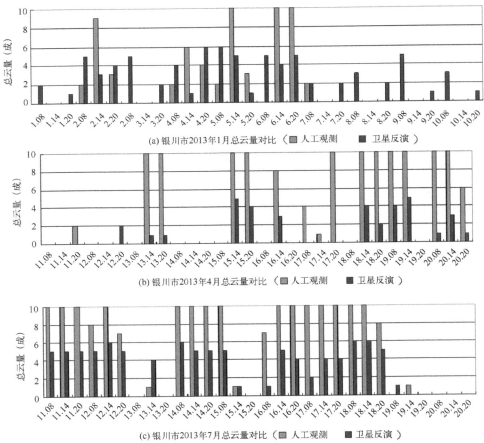

图 2　银川站不同季节卫星反演总云量误差分析

3.2　云分类产品对比分析

云状判断较为复杂,卫星反演云分类产品将云分为 6 类,分别为混合像元、高层云或雨层云、卷层云、密卷云、积雨云、层积云或高积云。其中,卷层云和密卷云为高云型,高层云或雨层云为中云型,积雨云是低云型,混合像元、层积云或高积云则为中低云混合型。

对比分析发现,对一些重要的系统性云系,云分类反演产品具有一些典型的分类特征,但反演的卷云产品,效果不好,特别是在冬季和春季。当人工观测为卷云或无云时,反演产品多为层积或高积云,偏差较大;当人工观测有多种云出现时,如卷云、高积云或积云同时出现时,反演产品多分析为"高层云或雨层云"类和"层积云或高积云"类,低云很少被分析出来;层云一般被分析成混合像元;当大尺度系统云系过境时,反演产品会分析出大片卷层云或密卷云,卷层云和密卷云的周围会分析出"高层云或雨层云",有时为"层积云或高积云",而人工观测为高层云或雨层云,这种情况与卫星自上而下的探测方式有关,即当大尺度天气系统过境时,云系中高、中、低云都会出现,由于卫星只能从云顶向下俯拍,造成高云之下的中、低云无法探测到,而人工观测从云底向上看,反而使中低云之上的高云无法观测到。

对积雨云反演产品分析发现,在中纬度地区极少反演出积雨云,人工观测到有积雨云发展,但反演产品多为卷云和混合像元,冬季会出现将厚实的密卷云反演为积雨云的现象,这可能与中纬度地区积雨云一般发展尺度较小,云顶高度较低有关。对层积云或高积云的判识较为准确,主要是因为高积云云顶较高且多为天气系统过境前后发生,易于判识。

同时发现,夜间云状反演偏差较大,单独为卷云时,多反演为层积云或高积云,其可能原因为冬季夜间陆面温度低,云和陆面亮温差缩小,容易出现误判。

上述分析表明,云分类反演产品在云的细微结构判识方面存在不足,主要表现在:一是无法明确分析判断出高云类、中云类和低云类;二是只有卷云时,多分析为层积或高积云;三是系统性云系只能分析出最高层的云,中低层云分析不出来;四是发展初期的对流云(积雨云)无法准确判识,效果较差,需综合红外、水汽、可见光云图和雷达资料进行综合分析判断。因此,云分类产品不能直接在业务中使用,必须经过订正才能应用在业务中。

3.3　卫星云总量和云分类反演产品订正

3.3.1　云总量反演产品订正

根据对比分析结果,利用统计方法分季节建立了卫星反演云总量产品的线性订正公式:

冬季:　　　$y=1.7537x+0.2343$

春秋季:$y=2.0377x+1.9214$

夏季:　　　$y=1.7919x+2.0887$

y:为总云量,x 为反演产品云总量(若总云量 >10,则总云量 $=10$)。

利用不同季节方程对相应季节云总量反演产品进行订正,发现修正后的总云量有了较大改善,与人工观测的云总量误差明显减少,一般误差在正负两成云左右,特别是对十成云的判断,有明显改善,即人工观测为 10 成云时,修正后的云总量在 8～10 成(图略)。对全区做检验评估可以发现,2013 年 7 月 21 日 05 时全区总云量分布情况为中北部地区在 5～8 成云,南部山区在 8～10 成云,根据修订后的云总量方程进行计算,如图 3。可以看到,云总量的整体判别是正确的,同时,卫星观测格点相较地面观测站点密集、连续,能够有效地分辨小尺度范围内的云总量变化(图 4)。

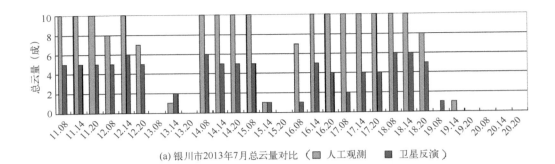

(a) 银川市2013年7月总云量对比（■人工观测　■卫星反演）

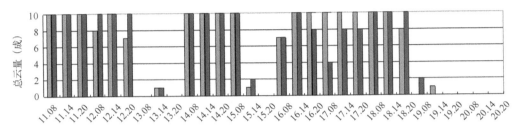

(b) 银川市2013年7月总云量对比（■人工观测　■卫星反演订正后）

图 3　银川站 2013 年 7 月反演产品订正前后总云量与人工观测云量对比

（a 为订正前；b 为订正后）

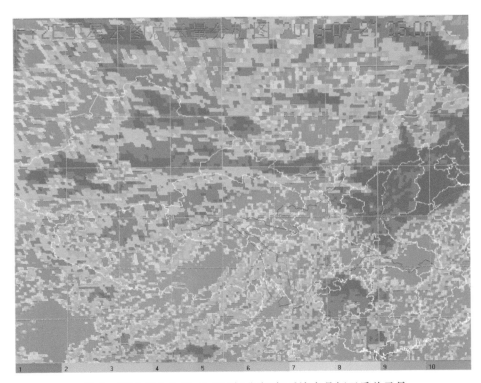

图 4　2013 年 7 月 21 日 05 时(北京时)反演产品订正后总云量

3.3.2　云分类反演产品订正

云分类反演产品订正相对难度较大,我们主要采用面上图形分析方法针对大尺度系统性云系及对流云进行订正。

(1)大尺度系统性云系订正

大尺度系统性云系一般由卷云、高层云、雨层云等相对稳定的云系组成(图略),云分类图上可分析出大片的卷云,卷云外围有高层云或雨层云包围,高层云或雨层云外围有层积云或高积云。根据云系特征,我们在订正时,将大片的卷云区订正为高层云或雨层云。通过分析可知,云状分析中大尺度系统性云系的分析结果较好,能够有效地分析出来,但在判识降水云系时还需要配合其他手段综合判别以减小误差。

(2)对流云订正

对流云在发展初期,云分类图上表现为小片的卷云被混合像元包围(图5),发展中卷云区面积逐渐增大,混合像元减少,卷云区边界与高层云或雨层云区边界逐步靠近或重叠;发展强盛期,可分析出被卷云区包围的积雨云区。因此,建立对流云分析订正方法时主要采用图形分析法。由于卫星观测范围大,格点相较地面观测站点密集、连续,对对流云系的发展、移动及影响范围有较高的判识精度,在地面云观测取消后能够作为一种有效地判识对流云的手段加以使用,与雷达资料共同使用将提高对流云系的判识范围和精度。

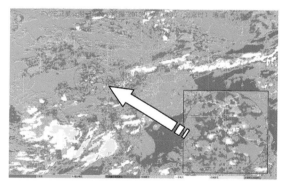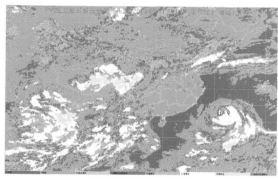

图 5　对流云发展各阶段在云分类反演产品上的表现
(a. 发展初期;b. 发展强盛期)

4　云状、总云量自动反演分析系统

为了开展云总量和云分类产品分析,2013 年 10 月,在上述对比分析和订正方法研究基础上,组织开发了卫星云图及反演产品处理软件,建立了云状、云总量自动反演系统。其中,云分类产品沿用国家卫星气象中心的分类方法,将目标分为八类:即水面、陆面、层积云和高积云、高层云和雨层云、积雨云、卷层云、密卷云及混合像元,不同目标用不同的色彩显示。云总量分析产品中,云总量以成数表示,值为 1~10,不同成数用不同的色彩显示。

系统自动生成产品为 MICAPS 格式数据,即:AWX 格式图像产品和 MICAPS 第一类站点填图数据,预报员可直接在 MICAPS 系统中进行调阅分析。图 6 为 MICAPS 系统中调阅显示的系统生成的总云量产品。

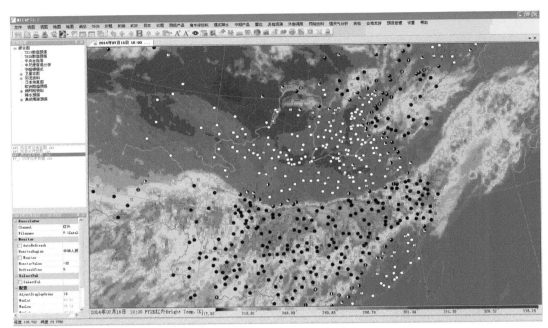

图 6　MICAPS 系统调阅的 2014 年 7 月 15 日 10 时测站总云量反演产品和同时次红外云图

同时,系统支持实时云图(GPF 格式)、国家卫星中心分析处理的卫星云总量和云分类产品(AWS 格式)显示分析,具有实时云图单通道和多通道合成分析功能,包含可见光通道信息的多通道合成彩色图像具有云分类分析功能,可快速分析和识别云类、积雪、雾等观测目标。可支持 FY-2F、FY-2D 和 FY-2E 卫星资料和产品分析,通过多星综合处理,缩短资料时间间隔,减少分析滞后性。支持兰伯托和等角地图投影和定位,具有局部放大功能。

另外,根据订正公式,系统可一键生成站点总云量、云状,即可生成站点单个时次总云量和云状,也可生成某段时间的站点总云量和云状序列,为台站云量、云状自动化分析提供了支持。

5　小结

(1)国家卫星气象中心基于风云-2 卫星反演下发的云总量产品总云量值一般较地面人工观测总云量值偏小。卫星反演的总云量误差存在明显的季节性变化和昼夜变化。从季节看,冬季偏差最大,春秋季次之,夏季偏差最小。从昼夜看,夜间误差大,白天误差小。特别是冬季,夜间分析的误差更大。本研究利用统计分析可以对卫星反演的总云量进行误差订正,订正后的总云量有较大改善,比较接近人工观测的总云量。

(2)国家卫星气象中心基于风云-2 卫星反演下发的云分类产品在云类的详细判识方面有所不足,不能直接使用,但对重要的系统性云系和对流云,具有一些典型的分类特征。本研究通过面上图形分析方法进行云分类订正,主要是大尺度系统性云系订正和对流云订正,通过分析订正可提高分类精度,订正后的云分类产品帮助预报人员有效地分析夏季对流云团和系统性云系,提高预报精度,特别是对夏季对流性天气的分析、预报,可以满足业务需求。

(3)组织开发的卫星云图及反演产品处理软件,支持实时云图(GPF 格式)、国家卫星中心分析处理的总卫星云量和云分类产品（AWS 格式）显示分析，可根据订正公式一键生成站点总云量、云状的功能，生成站点单个时次总云量和云状，也可生成某段时间的站点总云量和云状资料序列，为台站云量、云状自动化分析提供了支持。系统最终生成 MICAPS 格式数据产品，可直接在 MICAPS 系统中进行调阅。

　　（4）项目研究成果可应用于测站总云量、云状（类）反演，填补测站云观测取消后所造成的测站云观测记录空白。

参考文献

［1］　中国气象局.地面气象观测规范.北京:气象出版社,2004,12-20.

［2］　翁笃鸣,韩爱梅.我国卫星总云量与地面总云量分布的对比分析.应用气象学报,1998,**9**(1):33-37.

［3］　王可丽,江灏,陈世强.青藏高原地区的总云量——地面观测、卫星反演和同化资料的对比分析.高原气象,2001,**20**(3):252-257.

［4］　陈刚毅,丁旭羲,赵丽妍.用模糊神经网络自动识别云的技术研究.大气科学,2005,**29**(5):838-844.

［5］　岳平,刘晓云,郭良才,吕长虹.纹理分析法识别静止卫星红外云图和监测汛期强对流天气系统.干旱气象,2006,**23**(2):50-53.

多源全球海洋降水资料的时空特征对比分析[①]

崔林丽[②1]　　隋玉正[2,3]

(1. 上海市卫星遥感与测量应用中心,上海 201199;2. 青岛理工大学建筑学院,青岛 266033;
3. 中国海洋大学信息科学与工程学院,青岛 266100)

摘　要:基于 COADS、ECMWF、NCEP、GPCP_GPI、SSM/I_EMISS、SSM/I_SCATT、TRMM_PR 和 TOPEX-TMR 等 8 种海洋降水数据产品,对比分析了各海洋降水空间分布特征和月际变化特征。结果表明:全球海洋降水大尺度空间分布格局上非常相似,能够很好地反映海洋上 5 个主要降水带(赤道辐合带、南太平洋辐合带、南大西洋辐合带、北太平洋雨带和北大西洋雨带)的空间分布。5°~10°N 是海洋上降水量最多的区域,并以此为中心呈近似对称的方式向两极递减。在南北半球的中纬度(10°S、35°N)和高纬度(40°S、60°N)附近形成两个降水量明显增加的区域。不同方式获得海洋降水量在月平均数值中的变化程度存在很大差异,其中 COADS 数据月平均降水量变化范围较大,CPCP_GPI、TRMM_PR 和 TOPEX-TMR 的遥感反演数据变化幅度最小。

关键词:海洋降水;多源资料;空间分布;月际变化;对比

1　引言

降水是全球水分和能量循环中最关键的环节,降水量在区域天气和全球气候的形成过程中具有重要的作用。据估计,全球降水的 78% 集中在占地球面积 70% 的海洋上,海洋降水的微小变化就可能引起全球水分循环和能量循环的剧烈变化,进而影响到全球各个方面[1]。海洋降水由于时间和空间的巨大变化,以及观测手段的限制,准确测量海洋降水变得尤为困难。最初,人们用陆地观测资料通过数值模式预报来估计海洋降水量,或通过有限的浮标、船测来估计全球的海洋降水量,直到 20 世纪 60 年代卫星发射成功后,特别是 1997 年第一颗降水监测卫星(Tropical Rainfall Measuring Mission,TRMM)发射成功以后,开辟了海洋降水量监测的里程碑。随着技术的不断发展,获取海洋降水资料的方法和手段也得到了有效的提高[2~7],逐渐形成一个较完善的多源海洋降水数据库,如有全球海洋大气综合数据集(Comprehensive Ocean Atmosphere Data Set,COADS)、欧洲中期天气预报中心(European Center for Medium Range Weather forecasting,ECMWF)、美国国家环境预报中心(National Center for Environmental Prediction,NCEP)、美国国防气象卫星(Defense Meteorological Satellite Program,DMSP)的 SSM/I(Special Sensor Microwave/Imager)、全球降水气候计划(Global Precipitation Climatology Project,GPCP)的 GPI(GEO Precipitation Index)、热带降雨测量卫星(TRMM)的降雨雷达(Precipitation Radar,PR)和 TOPEX-TMR 联合海洋降水数

①　基金项目:国家自然科学基金项目(41001283)和中国清洁发展机制基金赠款项目(2012043)共同资助

②　作者简介:崔林丽(1975—),女,山西长治人,副研,博士,主要从事卫星遥感应用研究。E-mail:cllcontact@163.com。

据等。然而鉴于海洋降水资料的时空分辨率相差较大，这些资料的可靠性还函待实时数据进行定量化验证，同时由于这些资料来源和处理过程中的差异，使它们在定性和定量反映海洋降水特征时并不完全一致。因此，如何有效地利用这些资料，并使其能提供更为科学、准确的海洋降水信息，成为研究海洋降水的重要方面。鉴于此，本文基于 COADS、ECMWF、NCEP、GPCP_GPI、SSM/I_EMISS、SSM/I_SCATT、TRMM_PR 和 TOPEX-TMR 等 8 种海洋降水数据产品，对比分析了各海洋降水空间分布特征和月际变化特征，以期为合理利用这些数据提供科学依据和参考信息。

2　研究资料与方法

2.1　全球海洋降水数据集

文中采用降水数据主要采用上述 8 种海洋数据的月平均海洋降水数据集。其中 COADS 数据是由航海日记数据、渔船数据、海军气象数据等融合形成的数据，并通过全球漂流浮标数据、固定浮标数据对其融合后的数据进行质量控制；ECMWF 的降水数据是通过数值模式预报获得的，且经过网格化后的全球（陆地和海洋）降水数据；NCEP 降水数据，也是网格化的全球降水数据（陆地和海洋）；DMSP 的降水数据是微波辐射计（SSM/I-EMISS）和微波散射计（SSM/I－SCATT）反演的大气可降水量数据，其中辐射计缺少 1987 年 12 月、1991 年 11 月和 1997 年 3 月的降水数据。数据的具体说明如表 1。

表 1　多源降水数据产品概况

数据类型	时间范围 （年.月—年.月）	时间分辨率	空间范围	空间分辨率	说明
ECMWF	1986.1—2002.8	月平均	88.75°S～88.75°N 180°W～180°E	2.5°×2.5°	含陆地
NCEP	1986.1—2002.8	月平均	88.75°S～82.25°N 180°W～180°E	2.5°×2.5°	含陆地
TRMM-PR	1998.1—2003.12	月平均	38.75°S～38.75°N 180°W～180°E	1°×1°	
GPCP-GPI	1986.1—2003.12	月平均	38.75°S～38.75°N 180°W～180°E	2.5°×2.5°	含陆地
SSM/I-EMISS	1987.7—2003.12	月平均	63.75°S～63.75°N 180°W～180°E	2.5°×2.5°	
SSM/I-SCATT	1987.7—2003.12	月平均	86.25°S～81.25°N 180°W～180°E	2.5°×2.5°	含陆地
TOEPX-TMR	1993.1—2003.12	月平均	66°S～66°N 180°W～180°E	1°×1°	
COADS	1980.1—1997.12	月平均	68.75°S～81.25°N 180°W～180°E	2.5°×2.5°	

2.2　气象台站降水观测资料

本文所用的气象台站资料是分布在我国不同纬度的沿海或岛屿上的 9 个气象站的日降水

量观测数据。站点由北往南依次是大连(54662)、嵊泗(58472)、黄岩海门(58665)、黄岩大陈岛(58666)、汕头(59316)、北海涠州岛(59647)、东方(59838)、西沙(59981)和珊瑚岛(59985)。站点降水数据的时间范围是 1980 年 1 月 1 日—2000 年 12 月 31 日,空间上纬度最高的是大连站(121.63°E、38.90°N),纬度最低的南海中的珊瑚岛站(111.62°E、16.53°N)。气象台站的详细信息见表 2。

表 2　气象台站详细信息

站号	名称	经度(°E)	纬度(°N)	海拔高度(m)
54662	大连	121.63	38.90	92.8
58472	嵊泗	122.45	30.73	79.6
58665	黄岩海门	121.42	28.63	1.3
58666	黄岩大陈岛	121.88	28.45	204.9
59316	汕头	116.68	23.40	1.2
59647	北海涠州岛	109.08	21.03	55.2
59838	东方	108.62	19.10	8.4
59981	西沙	112.33	16.83	4.7
59985	珊瑚岛	111.62	16.53	4.0

2.3　多源降水数据的时空对比方法

由于降水数据来源不同,所以它们在表现降水空间分布范围时差距非常明显,需要分析其在降水空间上的分布差异性。

为了进行空间格局分析以及避免陆地数据对海洋降水的影响,对每种数据只选取在海洋上的降水点,并对缺少的空间数据点采用反距离加权平均插值法(Inverse Distance Weighted,IDW)(式 1),得到统一的空间数据点。

$$F(x,y) = \frac{\sum\limits_{(u-x)^2+(v-y)^2 \leqslant r^2} V(u,v)\omega(u,v)}{\sum\limits_{(u-x)^2+(v-y)^2 \leqslant r^2} \omega(u,v)} \tag{1}$$

其中,(u,v) 为采样点的空间位置,(x,y) 为插值后网格点的空间位置,$V(u,v)$ 是搜索半径范围内的降雨数据,$\omega(u,v)$ 为网格点 (u,v) 处的权重,$F(x,y)$ 为网格点 (x,y) 插值后得到的降雨数据,r 是搜索半径,在这里 r 取 10 km。

为了便于跟其他数据分析比较,首先将气象站日累计降水量进行单位上的统一,同时考虑降雨具有空间区域性的特点,取离该气象站点位置的最近几个数据,采用空间插值方法对站点数据进行格点化处理。最后,按照公式(2—3)计算多源数据与实测数据的相对误差和相对误差的标准差。

$$R_e = \frac{V_i - V}{V} \times 100\% \tag{2}$$

其中 R_e 为相对误差,V_i 为多源数据的降水量,V 为气象站实测降水量。

$$S = \sqrt{\frac{\sum\limits_{i=1}^{n}(R_{ei} - \overline{R}_e)^2}{n}} \tag{3}$$

其中 S 为相对误差的标准差，R_{ei} 为多源数据第 i 个月相对误差，$\overline{R_e}$ 为平均相对误差。

特别指出的是，由于所选的数据集较多，各自的空间覆盖范围和时间跨度均不一样，因此在具体分析的过程是在对数据集进行相关分析的基础进行了必要的分组分析，并非针对全部数据集进行一一列举。

3 研究结果与分析

3.1 多源降水资料与气象站实测数据比较

从实测数据与 5 类降水资料的相对误差表（表 3—表 4）分析表明：COADS 数据在 9 个气象站的相对误差均为正值，COADS 获得的降水数据要比气象站实测值普遍偏大，相对误差中纬度地区较小，在低纬度和高纬度地区普遍偏大。

ECMWF 数据与气象站的相对误差整体上要比 COADS 小得多，但是相对误差出现正负区分，在中纬度地区，相对误差呈负值，误差值变化不大，在低纬度地区相对误差呈正值，误差值要高于中纬度地区。总体趋势是中纬度地区 ECMWF 降水量数据跟实测值相差不太大，比较吻合，而低纬度地区数据与实测值相比结果不如中纬度地区。

GPI 数据与气象站的相对误差最小，除了最高纬度的站点（121.63°E，38.90°N）的相对误差达到 250.63％外，其他都比较均匀。最高纬度站点相对误差的突变，可能跟 GPI 数据覆盖的空间范围有关（38.75°S～38.75°N），也许是由 GPI 数据在形成时的边缘误差造成。

NCEP 数据与气象站的相对误差随纬度的增加呈明显的"V"变化，59316 站点（116.38°E，23.40°N）是相对误差增减变化的转折点，该纬度是与北回归线相接近，同时又是大气环流的重要纬度带，降水量的变化可能跟这些因素有关。

SSM/I_SCATT 降水数据与气象站实测降水数据比较，除 59838 站点相对误差有些突变外，其他 8 个站点的相对误差也是随着纬度的增加而增加，这种趋势呈现一种负增长的趋势，而且纬度越高与实测值的偏差就越大。

TRMM_PR 降水数据跟实测数据比较，除个别站点（54662、59838）外，其他站点的相对误差效果比较好，虽然不同站点的相对误差是正负值，但是它们的变化幅度不是很明显，相对误差最大也不超过 48.98％。总之，TRMM_PR 数据是目前几种降水数据中与实测站点数据吻合最好的一种。

表 3　多源数据与实测数据的相对误差（％）

	COADS	ECMWF	GPI	NCEP	SCATT	TRMM
54662	>100	2.104	>100	−30.885	58.683	>100
58472	2.596	−23.669	−0.773	−32.249	−64.325	−21.508
58665	15.982	−19.295	−24.378	−21.550	−39.718	17.505
58666	8.053	−15.787	−17.828	−19.237	−32.628	17.172
59316	>100	−21.744	−36.095	8.952	−17.779	−18.382
59647	28.473	7.216	−10.853	47.004	−8.054	24.598
59838	>100	>100	57.263	>100	251.212	>100
59981	>100	48.073	8.980	>100	−2.741	48.980
59985	>100	69.509	25.011	>100	8.432	−7.475

表 4　多源数据与实测数据相对误差的标准差（mm/mon）

	COADS	ECMWF	GPI	NCEP	SCATT	TRMM
54662	>100	36.083	>100	19.170	47.297	>100
58472	69.224	16.399	38.688	19.924	31.877	43.296
58665	94.347	16.405	31.722	25.333	36.985	97.320
58666	63.051	17.102	41.663	20.812	50.836	88.945
59316	>100	22.569	22.135	40.052	17.591	89.195
59647	85.976	28.415	38.009	65.119	22.706	>100
59838	>100	69.349	50.767	77.801	>100	>100
59981	>100	63.315	44.790	>100	53.990	>100
59985	>100	87.629	61.436	>100	55.261	>100

3.2　全球多年平均海洋降水量的空间分布特征

对 1988 年 1 月—1997 年 12 月 COADS、SSM/I_EMISS、SSM/I_SCATT、ECMWF 和 NCEP 月降水数据进行连续 10 年平均表明（图 1），这五种降水数据获得的月均降水量在大尺度空间分布格局上非常相似，全球海洋降水的 5 个主要雨带，即赤道辐合带（Inter-Tropical Convergence Zone, ITCZ）、南太平洋辐合带（South Pacific Convergence Zone, SPCZ）、南大西洋辐合带（South Atlantic Convergence Zone, SACZ）、北太平洋雨带（North Pacific Rain Band, NPRB）和北大西洋雨带（North Pacific Rain Band, NARB），在每种数据下都能够很好地表现出来，同时这些降水数据在海陆交界的大陆东侧形成一个"（"形的强降水带，而在大陆西侧形成降水量相对较少的"海洋沙漠"[8,9]。从细节上看，COADS 船测数据反映的降水量空间分布不是很连续，数据空间离散程度大；基于遥感反演的 SSM/I-EMISS 和 SSM/I-SCATT 降水数据具有明显的空间分布格局，反映了全球海洋降水量的空间分布特征；由数值模式预测的 ECMWF 和 NCEP 降水数据在空间分布上有别于其他三种：在南半球 ECMWF 和 NCEP 的主要降水海区的范围超过了前三种，大约在 45°～230°E 之间，而 COADS、SSM/I_SCATT 和 SSM/I_EMISS 在南半球的主要降水海区集中在 60°～195°E 之间。

对 1999 年 1 月—2003 年 12 月 GPCP_GPI、TRMM_PR、SSM/I_EMISS、SSM/I_SCATT 和 TOPEX-TMR 月降水数据进行连续 5 年平均表明（图 2），这五种降水数据获得的月均降水量在大尺度空间分布格局上与前几种数据非常相似，体现了平均降水量在海洋上的空间分布规律。从细节上看，GPCP_GPI 数据在反映中纬度海区平均降水量的空间分布特征时不如其他四种数据明显；GPCP_GPI 和 TOPEX-TMR 的平均降水量在赤道印度洋附近要高于 TRMM_PR、SSM/I_EMISS 和 SSM/I_SCATT，同时在东赤道印度洋的降水区域也高于其他三种数据；TOPEX-TMR 的平均降水数据与其他数据相比能更好地反映出海洋降水在不同纬度的分布情况，特别是对高纬度地区的海洋降水，这一特点能够帮助解决高纬度地区实测数据较少的缺陷。

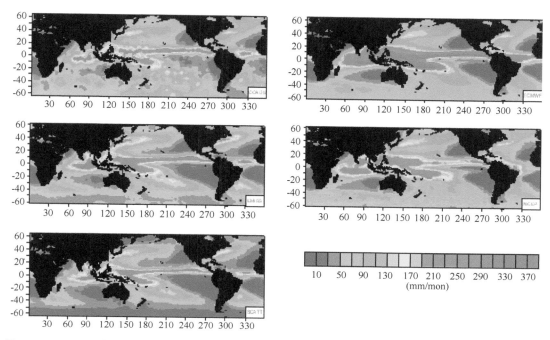

图 1 1988—1997 年 COADS、SSM/I_EMISS、SSM/I_SCATT、ECMWF 和 NCEP 月均降水量的空间分布

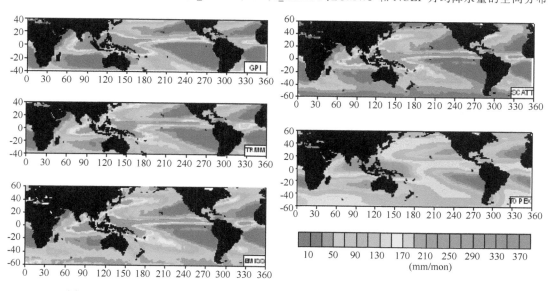

图 2 1999—2003 年 GPCP_GPI、TRMM_PR、SSM/I_EMISS、SSM/I_SCATT 和
TOPEX-TMR 月均降水量的空间分布

3.3 多年平均海洋降水量沿纬度的分布特征

对 1988 年 1 月—1997 年 12 月 COADS、SSM/I_EMISS、SSM/I_SCATT、ECMWF 和
NCEP 月降水数据进行连续 10 年沿纬度气候平均分析表明(图 3),全球海洋平均降水量随纬
度的增高呈明显的递减趋势,全球海洋降水量在 5°~10°N 之间是多,并以此为中心呈以近似
对称的方式向两极递减。随着纬度的增加,在南北半球的中纬度(10°S、35°N)和高纬度(40°S、

60°N)附近有两个降水量明显增加的海区,如图 3 和图 4 中虚线所示。从降水数据的来源方式看,无论是遥感反演数据、数值模式数据还是实测数据都能很好地反映出海洋降水随纬度的变化信息,但是在低纬度地区,ECMWF 模式预测数据的变化幅度要远远高于其他几种数据。在其他地区几种数据的变化基本一致。在南半球相同纬度带上这几种数据的月平均降水量差距比较大;而在北半球,除了在高纬度地区(40°~60°N)同纬度上月平均降水量差距比较大外,月平均降水量在中低纬度地区的差距不是很明显。

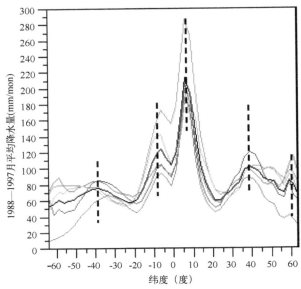

图 3　1988—1997 年 COADS、SSM/I_EMISS、SSM/I_SCATT、ECMWF 和 NCEP 月均降水量沿纬度分布
(红色线为 COADS 数据,绿色线为 ECMWF 数据,蓝色线为 SSM/I_EMISS 数据,青色线为 NCEP 数据,
紫色线为 SSM/I_SCATT 数据)

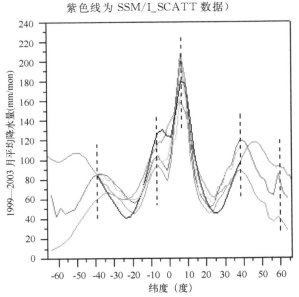

图 4　1999—2003 年 TRMM_PR、SSM/I_EMISS、SSM/I_SCATT、GPCP_GPI 和 TOPEX-TMR
月均降水量沿纬度分布(黑色线为 GPI 数据,红色线为 TOPEX-TMR 数据,蓝色线为 SSM/I_EMISS 数据,
紫色线为 SSM/I_SCATT 数据,青色线为 TRMM 数据)

对 1999 年 1 月—2003 年 12 月 GPCP_GPI、TRMM_PR、SSM/I_EMISS、SSM/I_SCATT 和 TOPEX-TMR 月降水数据进行连续 5 年沿纬度气候平均分析表明(图 4),尽管这组数据在时间上跟上组数据有所不同,但是它们同样也反映出月平均降水量随纬度的变化特征:赤道附近是全球降水量最大的海区,随着纬度增加降水量逐渐递减。从图中可以看出,GPCP_GPI 的月平均降水量在中低纬度的峰值要比 TRMM_PR、SSM/I_EMISS 和 SSM/I_SCATT 月平均降水量的峰值北移 2°~3°。TOPEX-TMR 数据也很好地反映出降水量随纬度的变化趋势,即降水量随纬度增加而降低,同时在中纬度地区也形成一个降水量的峰值。这几种遥感反演数据也都能很好地反映海洋降水量沿纬度的分布特征,而且这种纬度变化特征与大气环流方式非常吻合。

3.4 季节尺度上海洋降水量随纬度的变化特征

对相同纬度海洋降水随季节变化的分析表明(图 5),不同季节月平均降水量呈现出明显的纬度分布,赤道附近是海洋降水最为集中的区域,尤其是赤道辐合带(ITCZ)区域,随着纬度增高海洋降水量逐渐降低,同时由于其他降雨带的存在,如南太平洋辐合带(SPCZ)、南大西洋辐合带(SACZ)、北太平洋雨带(NPRB)和北大西洋雨带(NARB),在中高纬度海区存在两个降水量的峰值。

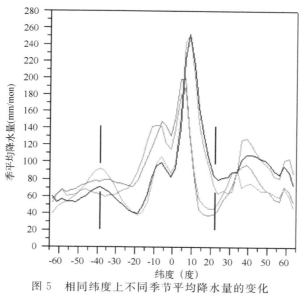

图 5 相同纬度上不同季节平均降水量的变化

(红色线为 DJF 数据,蓝色线为 MAM 数据,紫色线为 JJA 数据,黑色为 SON 数据)

在北半球中低纬度(0°~35°N 之间)区域,冬季(DJF)和春季(MAM)的海洋月平均降水量要低于夏季(JJA)和秋季(SON);在中高纬度(35°~66°N 之间)区域,月平均降水量随季节变化而发生变化,即 DJF 和 SON 降水量高于 JJA 和 MAM 的降水量。对整个北半球而言,SON 是全年降水量最多的季节,MAM 是全年降水量最少的季节。

在南半球中低纬度(0°~30°S 之间)区域,各个季节海洋的月平均降水量与北半球恰恰相反,在 DJF 和 MAM 的月平均降水量要高于 JJA 和 SON;在中高纬度(30°~66°S 之间)区域,不同季节的月平均降水量变化不明显。对整个南半球而言,MAM 是全年降水量最多的季节,SON 是全年降水量最少的季节。

从不同季节多源降水量沿纬度的变化可以看出(图 6),几种降水数据均表现出沿纬度的分布特征,即月平均降水量随纬度的增加呈明显的减少趋势。在 DJF 和 MAM,南半球月平均降水量随着纬度增加呈平缓减少趋势;北半球月平均降水量由赤道到中纬度急剧降低,递减幅度较大,在 15°N 附近形成海洋降水量最小的区域,称为"海洋沙漠"。在 DJF 和 MAM,几种降水数据源反映的全球海洋降水在低纬度地区的变化幅度相对较小,而在 JJA 和 SON,低纬度地区的海洋降水变化幅度较大。

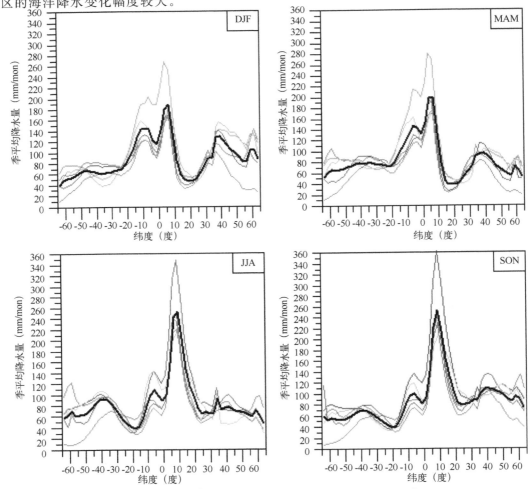

图 6　不同季节五种数据源获得的降水量随着纬度的变化

(红色线为 COADS 数据,绿色线为 ECMWF 数据,蓝色线为 SSM/I_EMISS 数据,
青色线为 NCEP 数据,紫色线为 SSM/I_SCATT 数据,黑色为平均值)

　　在 DJF 和 SON,北半球高纬度地区的海洋降水要高于南半球高纬度地区,而在 MAM 和 JJA,全球海洋上高纬度地区的降水变化不大。在 JJA 和 SON,全球海洋降水几个主要纬度带的中心要比 DJF 和 MAM 季节普遍向北偏移 3°~4°,呈现出一种北移的趋势。南半球的月平均海洋降水量要高于 JJA 和 SON 季节的月平均降水量,而北半球的月平均海洋降水量要低于 JJA 和 SON 季节的月平均降水量。

3.5　多源降水量的逐月变化特征

　　对 1988 年 1 月—1997 年 12 月 COADS、SSM/I_EMISS、SSM/I_SCATT、ECMWF 和

NCEP 数据进行连续 120 个月降水量分析,并对 1999 年 1 月—2003 年 12 月 GPCP_GPI、TRMM_PR 和 TOPEX-TMR 的降水数据进行连续 60 个月的分析,结果表明(图 7),不同方式获得海洋降水量在月平均数值中的变化程度存在很大差异,其中 COADS 数据月平均降水量变化范围较大,最高达到 135 mm/mon,而最低大约只有 55 mm/mon;ECMWF 和 NCEP 模式数据的变化幅度不大,从 1992 年开始 ECMWF 数据反映的海洋降水量呈缓慢增加趋势,NCEP 海洋月平均降水变化均匀,集中在 85~95 mm/mon 之间;SSM/I_EMISS 和 SSM/I_SCATT 数据变化缓和,只有个别年份降水量存在一些突变,如 SSM/I_SCATT 数据在 1990 年和 1991 年有些减低,但是这 2 种数据反映降水信息是同步变化的;CPCP_GPI、TRMM_PR 和 TOPEX-TMR 的遥感反演数据变化幅度最小,月平均降水量集中在 70~95 mm/mon 之间。

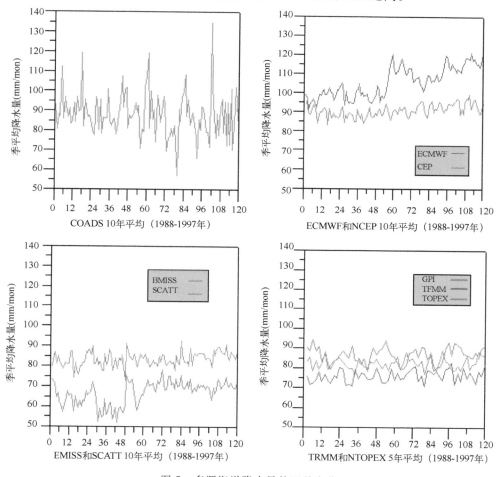

图 7　多源海洋降水量的逐月变化

4　主要结论

基于 COADS、ECMWF、NCEP、GPCP_GPI、SSM/I_EMISS、SSM/I_SCATT、TRMM_PR 和 TOPEX-TMR 等 8 种海洋降水数据产品,对海洋降水空间分布特征和月际变化特进行了分析,得出主要结论如下:

（1）从全球海洋降水空间分布来看，这些数据在大尺度空间分布格局上非常相似，能够很好地反映海洋上 5 个主要降水带的空间分布，即赤道辐合带、南太平洋辐合带、南大西洋辐合带、北太平洋雨带和北大西洋雨带。降水在海陆交界的大陆东侧形成"（"形的强降水带，而在大陆的西侧形成降水量相对较少的"海洋沙漠"。

（2）从细节上来看，COADS 数据的空间分布不是很连续，离散程度较大；SSM/I_EMISS 和 SSM/I_SCATT 数据具有明显的空间分布特征；数值模式数据 ECMWF 和 NCEP 在空间分布上有别于其他三种数据，表现在南半球的强降水范围明显扩大；GPCP_GPI 数据在反映中纬度地区的海洋降水空间格局上不如其他数据明显，但是在东赤道印度洋附近的降水量要高于其他数据；TRMM_PR 数据很好地反映了中低纬度区域的降水格局；TOPEX-TMR 数据比其他数据更能体现高纬度地区的海洋降水空间格局，反映出海洋降水在不同纬度上的分布特点。

（3）从降水量随纬度变化来看，每种数据都能反映降水量随纬度增加而递减的趋势，$5°\sim 10°N$ 之间是海洋上降水量最多的区域，并以此为中心呈近似对称的方式向两极递减；在南北半球的中纬度（$10°S,35°N$）和高纬度（$40°S,60°N$）附近形成两个降水量明显增加的区域；ECMWF 的降水量在赤道附近（$10°S\sim 10°N$）要远远高于其他几种数据的降水量；GPCP_GPI 的降水量在中低纬度的峰值要比 TRMM_PR、SSM/I_EMISS 和 SSM/I_SCATT 降水量峰值北移 $2°\sim 3°$；TOPEX-TMR 数据也很好地反映了降水量随纬度的变化趋势，只是降水量数值与其他数据相比稍微偏大。

（4）不同方式获得海洋降水量在月平均数值中的变化程度存在很大差异，其中 COADS 数据月平均降水量变化范围较大，ECMWF 和 NCEP 模式数据的变化幅度不大，从 1992 年开始 ECMWF 数据反映的海洋降水量呈缓慢增加趋势，NCEP 海洋月平均降水变化均匀，SSM/I_EMISS 和 SSM/I_SCATT 数据变化缓和，只有个别年份降水量存在一些突变，CPCP_GPI、TRMM_PR 和 TOPEX-TMR 的遥感反演数据变化幅度最小。

参考文献

[1] 周天军，张学洪. 全球水循环的海洋分量研究. 气象学报，1999，**57**(3)：264-282.

[2] Bellerby T，Todd M，Kniveton D，Kidd C. Rainfall Estimation from a Combination of TRMM Precipitation Radar and GOES Multi-Spectral Satellite Imagery through the Use of an Artificial Neural Network. 2000，**9**，GMG 214S3.

[3] Sorooshian S，Gao X，Hsu K，*et al*. Diurnal Variability of Tropical Rainfall Retrieved from Combined GOES and TRMM Satellite Information. *Journal of Climate*，2002，**15**(9)：983-1001.

[4] Diaz H F，Wolter K，and Woodruff（Eds.）S D，1992. Proceedings of the Inter-national COADS Workshop，Boulder，Colorado，13-15 January 1992. NOAA Environmental Research Laboratories，Climate Research Division，Boulder，Colo. ，390 pp.

[5] Jenne R L. 1992. The importance of COADS for Global Reanalysis. Proceedings of the International COADS Workshop，Boulder，Colorado，13-15.

[6] Chen G，Bertrand Chapron，Jean Tournadre，Kristina Katsaros. Global oceanic precipitation：A joint view by TOPEX and the TOPEX microwave radiometer. *Journal of Geophysical Research*，1997，**102**（5）：10457-10471.

[7] Chen G，Ma J，Fang C Y，Han Y. Global Oceanic Precipitation Derived from TOPEX and TMR：Climatology and Variability. *Journal of Climate*，2003，**16**：3888-3904.

[8] Chen G，Fang C Y，Zhang C Y，Chen Y. Observing the coupling effect between warm pool and "rain pool" in the Pacific Ocean. *Remote Sensing of Environment*，2004，**91**：153—159.

[9] Chen G. A 10-year climatology of oceanic water vapor derived from TOPEX microwave radiometer. *Journal of Climate*，2004，**17**(13)：2541-2557.

第二部分

卫星资料在环境监测中的应用

基于 FY-3 卫星资料的浙江及周边地区霾的遥感监测研究①

何 月② 蔡菊珍 张小伟 高大伟

(浙江省气候中心,杭州 310017)

摘 要:本文综合利用可见光云图定性判识、多光谱专题提取以及结合空气质量指数(AQI)、天气预报等进行的一系列的研究分析,初步构建了霾的判识指标,并分析 2014 年中国东部地区多个典型霾日 FY-3/VIRR 通道特征参数与 AQI 之间的关系,为雾霾形成机理、来源分析等研究及预报预警工作提供辅助依据,得到以下主要结论:(1)极轨卫星真彩色合成图为霾的定性判识提供了直接依据,通过与晴空云图的比较,能直观得到了解霾的分布范围;(2)通过分析霾的波谱特征,利用可见光、短波红外以及热红外三个通道阈值,构建霾的判识指标,实现霾的初步判识,并对照真彩色合成图、空气质量指数(AQI)等辅助知识,用 SMART 里的魔棒工具,对不是霾的信息进行剔除。通过遥感手段开展霾的定量识别,对霾的分布有了更明确的提取,为雾霾形成机理、来源分析等研究及预报预警工作提供辅助依据,此外也进一步满足了公众和决策的需要;(3)利用通道数据对空气质量指数(AQI)进行判别分析结果表明,FY-3/VIRR 通道数据对中度污染及以上级别的判识度较高,正确率约为 68.1%,也就是说遥感图像对轻度污染的条件并不敏感。霾的专题提取也是主要针对中度污染及以上级别,对轻度污染反映效果欠佳。

关键词:霾;卫星遥感;FY-3;AQI;专题提取

1 前言

霾也称灰霾(烟霞),在中国气象局的《地面气象观测规范》中,灰霾天气被这样定义:"大量极细微的干尘粒等均匀地浮游在空中,使水平能见度小于 l0 km 的空气普遍有混浊现象,使远处光亮物微带黄、红色,使黑暗物微带蓝色。"国际气象组织(WMO)则将空气相对湿度小于80%且水平能见度<10 km 的天气称为霾(haze)。

由于霾形成机理的复杂性和与雾的难以区分性,利用卫星遥感手段在浙江省气象局开展霾的监测研究工作才刚刚起步,且存在较大的难度。目前,我国的大气污染越来越严重,霾天气逐渐增多,危害加重,许多学者从霾的物理化学组成、光学特性、垂直分布等方面展开了研究,马国欣等[1]论述了卫星遥感应用于霾监控的可行性和必要性;吴兑等[2,3]在开展珠三角地区霾天气的成因分析中指出细粒子污染是霾形成的本质原因;孙娟等[4]利用 MODIS 卫星反

① 基金项目:中国气象局气象关键技术集成与应用项目(CMAGJ2014M22);浙江省大气复合污染遥感监测关键技术和应用系统建设(2012C13011-2)。
② 作者简介:何月(1981—),女,浙江湖州人,高级工程师。主要生态遥感应用方面的研究。E-mail:heyue0925@163.com

演的气溶胶产品开展了与霾直接相关的大气能见距的研究;李旭文等[5]利用 Landsat-ETM 影像反演的大气能见度来反映地面空气质量,以便为霾的监测预警提供依据;王中挺等[6]研究指出利用环境一号卫星反演的气溶胶光学厚度可以有效监测霾污染强度;刘勇洪[7]研究表明 NOAA/AVHRR 图像的第一波段表观反射率作为光谱指标可以对霾进行较好识别,对霾的有效识别准确率为 82%。

　　由于公众对霾污染的日益重视,通过遥感手段开展霾的遥感识别和霾大气污染监测将是大气环境卫星遥感监测的重点方向之一。目前霾的监测以地面监测为主,如何快速大范围的进行监测是目前急需开展的研究,采用遥感手段能快速获得大范围面状的观测数据,对于大气污染、霾分布与强度状况,可以进行快速的监测。本文选取 2014 年中国东部地区多个典型霾日,综合利用可见光云图定性判识、多光谱专题提取以及结合空气质量指数(AQI)、天气预报等进行的一系列分析,为雾霾形成机理、来源分析等研究及预报预警工作提供辅助依据。

2　资料和分析方法

2.1　资料

　　(1)卫星遥感数据:来源于中国气象局 CmaCast 下发的 FY-3A、MODIS 以及卫星中心网站订购的 FY-3B/FY-3C 数据,挑选 2014 年覆盖中国东部地区的典型晴空霾日资料,经过数据定标、投影转换、拼接、图像处理等一系列预处理工作,形成统一的卫星资料观测序列。

　　(2)空气质量指数(AQI)资料:来源于 2014 年典型晴空霾日中华人民共和国环境保护部(http://datacenter.mep.gov.cn)每日网上公布的 100 余个监测站点的日均 AQI 指数、空气质量级别以及首要污染物。

　　(3)气象观测资料:由浙江省气候中心提供的浙江省 69 个常规气象站点的天气现象观测资料。浙江省气象局和浙江省环保局共享的全省观测站点的 PM2.5、PM10 的小时资料。

2.2　方法

2.2.1　霾遥感监测的基本原理

　　遥感监测就是通过探测远距离物体反射、散射和发射的电磁波,从而提取这些物体的信息,对其进行识别、分析、判断的监测手段。其最重要的作用是不需要采样而直接可以进行区域性的跟踪测量,快速进行污染源的定点定位,污染范围的核定,污染物在大气中的分布、扩散等,从而获得全面的综合信息。

　　霾对不同波长的电磁辐射影响不同,研究表明霾粒子的光学厚度随波长增加呈下降趋势。图 1 是辐射传输模型模拟的在不同程度霾情况下,地表接收到的太阳辐射能量。可以明显看出,0.43 μm 蓝色波段波形受影响最大,在晴朗大气条件下,蓝色波段附近有一个明显的波谷,随着灰霾加重,波谷逐步减小。在理想的情况下,大气窗口内的太阳辐射直接照射地表,入射的光子部分被地物吸收,其余的被反射回天空,此时卫星测量的辐亮度直接取决于地物波谱特性。然而在霾天气情况下,由于灰霾对太阳辐射的散射和吸收作用,改变了电磁波的辐射传输,从而影响到遥感影像的质量,通常受霾影响的地物在色调、纹理及形状上都与其他景物有明显不同。

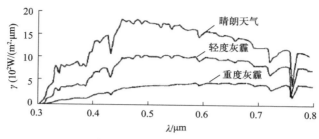

图 1　霾对辐射传输的影响

2.2.2　霾的可见光云图定性识别

霾与晴空和云雾在遥感影像上存在明显的色彩差异,实际上是由于不同浓度的气溶胶粒子(可用气溶胶光学厚度来反映)对光的消光差异引起的,即霾的气溶胶光学厚度一般大于晴空而小于云雾,且霾在不同的波段上具有不同气溶胶光学厚度,反映在图像上对应不同的颜色通道,就能根据颜色合成原理形成不同的颜色,从而通过图像色彩区分出霾。

针对霾的识别常用的合成方式为真彩色合成,即根据彩色合成原理,选择同一目标的单个多光谱数据合成一幅彩色图像,当合成图像的红绿蓝三色与三个多光谱段相吻合,这幅图像就再现了地物的彩色原理,称之为真彩色合成。

针对 MODIS 数据红、绿、蓝三通道分别对应波段 1(0.62~0.67 μm)、4(0.54~0.57 μm)、3(0.46~0.48 μm);针对 FY-3/VIRR 数据红、绿、蓝三通道分别对应波段 1(0.58~0.68 μm)、9(0.53~0.58 μm)、7(0.43~0.48 μm);针对 FY-3/MERSI 数据红、绿、蓝三通道分别对应波段 3、2、1。

在真彩色合成图中,亮白色的为云雾,因为云雾在可见光波段具有较高的反射率,其中雾的顶部具有光滑表面,而云更有质感,并在边缘有明显的阴影;灰色或者暗灰色代表霾,霾在可见光波段有较强散射特性,卫星传感器接收到的该波段反射率要高于晴空反射率。

2.2.3　霾的多光谱专题提取

在可见光通道(0.6 μm),根据米氏散射理论,霾的粒子尺度与可见光波段波长相近,因此霾在可见光波段有较强散射特性,卫星传感器接收到的该波段反射率明显高于晴空反射率。而云雾的粒子尺度一般大于可见光波长,在可见光波段有很强的散射特性,使云雾在该通道上较晴空和霾有更高的亮度,即在该通道上云雾有更高反射率,而且霾对光的散射有随波长增加迅速减小的趋势[6]。因此根据霾的这种特性,可利用 FY-3A\VIRR 卫星的可见光通道第 1 波段来进行霾的初步判识。

在短波红外通道(1.63 μm),可有效去除水体的影响,在该波段地表物体中,水体的反射率很低,地表植被较低,裸土的较高,云雾的反射率最高。这一光谱差异可用于剔除水体、植被等的影响。

在热红外通道(11 μm),霾的吸收较强,卫星传感器接收到的辐亮度明显低于水体、地表植被、裸土和沙漠,经定标转换后的等效黑体亮温与水体、地表植被、裸土和沙漠有一定的温度差异。利用热红外通道可区别霾和地面背景以及云雾。

2.2.4　霾的光谱特征与空气污染指数 AQI 的关系分析

考虑到遥感图像受云雾、阴影及其他因素的影响,结合霾的多光谱识别指标,对云雾的样本去除。然后,根据 AQI 监测站点经纬度信息,在 2014 年上半年 21 个典型晴空霾日下的

FY-3A 遥感图像上选取监测点 3×3 像元范围内的各通道信息的平均值,与该站点该日的 AQI 进行统计分析,希望可以在现有的通道数据中推算出一个判别函数来,利用建立的函数判别分类,获得 AQI 指数。

本文选用判别分析来进行分类,判别分析是一种常用的多元统计方法[8,9]。判别分析通常都要设法建立一个判别函数,利用此函数来进行判断,判别函数的一般形式如下:

$$Y = a_1x_1 + a_2x_2 + a_3x_3 + \cdots + a_nx_n$$

其中 Y 为判别指标,根据所用方法的不同,可能是概率,也可能是坐标值分值。$x_1,x_2,\cdots x_n$ 等为反映研究对象保证的变量,$a_1,a_2,\cdots a_n$ 等为各变量的系数,也称判别系数。本文结合具体实例,Y 为 AQI 指数或者霾等级,$x_1,x_2,\cdots x_n$ 为各通道值,$a_1,a_2,\cdots a_n$ 等各通道值的系数利用 SPSS 软件来求算,实现判别分析过程。

3　结果与分析

3.1　霾的可见光云图定性识别

在实际业务服务工作中,主要通过网页自动下载(批处理程序)或者 ENVI 软件波段合成,自定义经纬度范围、叠加矢量、标注等,生成研究区的真彩色合成示意图,为霾的定性识别提供数据。

图 2 为 NASA MODIS 的真彩色合成图,其中左图为 1 月 16 日下午星云图,右图为 1 月 18 日下午星云图,从图中可以看出,亮白色的为云雾,在 1 月 16 日,渤海湾、辽宁以及湖北、湖南等地上空云覆盖,灰色或者暗灰色区域代表霾,表明从卫星上看地表模糊难辨,在 1 月 16 日,霾主要分布与河北、山东、安徽及江苏北部,此时的浙江、江西、福建等地表清晰可辨,至 1 月 18 日,霾的范围继续向南延伸,整个中国东部上空霾笼罩,全国半数站点达到重度污染以上(AQI>200)级别。

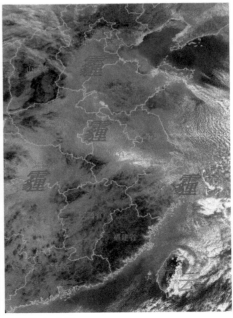

图 2　MODIS 真彩色合成图

(左:2014 年 1 月 16 日下午;右:2014 年 1 月 18 日下午)

3.2　霾的多光谱专题提取

根据 2.2.2 描述的霾的波谱特征,利用可见光、短波红外以及热红外三个通道阈值,构建霾的判识指标,在 SMART 软件下实现霾的初步判识,针对 FY-3/VIRR,各通道预设的参考指标为:

① 15%<B1<50%

② B6>8%

③ 254K<B4<280K

其中可见光通道 B1 的指标不确定性最大,随着卫星轨道、太阳高度角、季节变化等有所差异,特别是对于高纬度植被覆盖少的地区,阈值会有所调整,由于土壤质地与其他地物差异大,反射率明显偏高,在晴空下反射率可达 20% 以上,而一般晴空地表 B1 都小于 15%。短波红外 B6 和热红外 B4 通道阈值基本保持不变。图 3 为 2014 年 1 月 16 日和 18 日利用 FY-3/VIRR 卫星资料霾专题提取结果示意图。

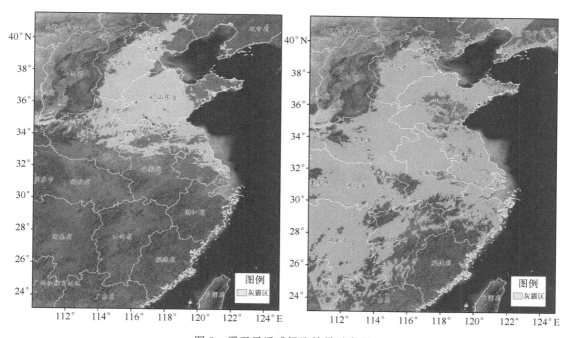

图 3　霾卫星遥感提取结果示意图

(左:2014 年 1 月 16 日;右:2014 年 1 月 18 日)

另外,在实际业务服务工作中,数据轨道、季节变化等不确定性因素都会给上述指标带来不稳定,目前完全实现霾的自动化提取还有所困难,仍需人工干预,对照真彩色合成图、空气质量指数(AQI)等辅助知识,对不是霾的信息进行剔除,用到 SMART 里的魔棒工具,最后进行保存,出专题图。

3.3　FY-3 各通道数据与空气质量指数(AQI)的关系

通过 IDL 提取 2014 年上半年 21 个典型晴空霾日下的 FY-3/VIRR 遥感图像 AQI 监测站点 3×3 像元范围内的各通道信息的平均值,利用 SPSS 软件,将站点的 AQI 与各通道数据进行分类判别。本文设计了两种判别方案,方案一:将 AQI>100 即轻度污染以上的站点归为一类,将 AQI≤100 即空气质量为优良的站点归为一类;方案二:将 AQI>150 即中度污染以上的站点归为一类,将 AQI≤150 即空气质量为优良以及轻度污染级别的站点归为一类。将两种方案进行判别分析,最后分类的精度统计结果见表 1。

表 1 两种方案判别分析结果的精度统计表

方案	初始分类		交叉验证分类	
	正确率	总错判率	正确率	总错判率
方案一	64.2%	35.8%	63.5%	36.5%
方案二	68.1%	31.9%	67.4%	32.6%

由表 1 可见,利用 FY-3 各通道数据对空气质量指数(AQI)进行分类,方案二的判识精度高于方案一的判识精度约 4%,这表明,利用 FY-3 各通道数据对中度污染及以上级别的判识度较高。

对 FY-3/VIRR 共 10 个通道数据进行逐步判别分析,最后剔除第 3 通道,其余 9 个通道数据进入模型,建立两个标准化典型判别函数为:

CLASS1=0.743·B1−0.442·B2+2.197·B4−1.179·B5−0.312·B6+0.244·B7+0.482·B8−1.126·B9+1.452·B10

CLASS0=0.721·B1−0.419·B2+2.224·B4−1.207·B5−0.316·B6+0.255·B7+0.475·B8−1.113·B9+1.444·B10

其中:CLASS1 为中度污染及以上级别(AQI>150)

CLASS0 为中度污染以下级别(AQI≤150)

4 精度验证及个例应用

4.1 精度验证

表 2 和图 4 为方案二 CLASS1 中度污染及以上级别 FY-3/VIRR 各通道数据的统计均值,可以看出中度污染及以上级别对应 FY-3 卫星资料的总体波谱特征,B6 和 B10 对应短波红外,反射率值较低,此外 B1 的平均反射率达 34.7%,B4 的平均辐射温度为 270 K,均在霾专题提取指标的阈值范围内,这也从统计分析的角度验证了霾专题提取指标的准确性。

表 2 方案二 CLASS1 的统计均值

	B1	B2	B6	B7	B8	B9	B10	B4	B5
CLASS1	34.7%	37.4%	28.1%	41.5%	38.8%	35.5%	14.5%	270.0 K	269.9 K

上述分析结果表明:在 FY-3/VIRR 各通道数据中,对中度污染及以上级别的判识度较高,也就是说轻度污染的条件下,在遥感图像中并不敏感。霾的专题提取也是主要针对中度污染及以上级别,对轻度污染反映不佳。

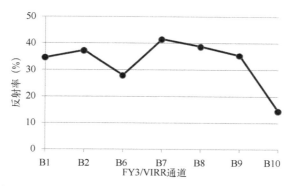

图 4　FY-3/VIRR 方案二 CLASS1 各通道的统计均值曲线

4.2　2014 年 1 月中旬霾过程遥感监测

自 11 月 9 日以来,受冷空气过境影响,大范围污染气团逐步从山东和江苏中北部等地区向江苏南部、安徽和上海等地推进,并于 11 日下午起逐渐影响我省,遥感监测显示(图 1250 m 分辨率),12 日下午浙北遭受了比较严重的空气污染。

卫星遥感提取的霾分布示意图显示(图 5)2014 年 11 月 10 日,霾主要位于山东、河北、河南以及安徽、江苏北部等地区,我省下垫面清晰可见;11 日,霾整体南压,我省上空云系覆盖为主;12 日,随着北方冷空气的东移南压,霾区进一步南下,主要聚集于上海以及我省北部的嘉兴、湖州、杭州和浙中部分地区(浙南部分地区云层覆盖,无法准确监测)。

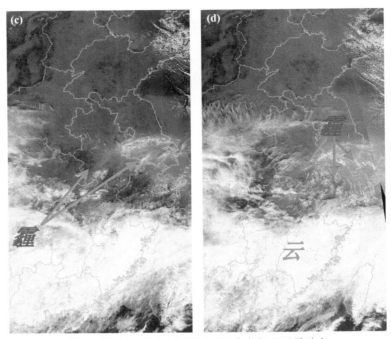

图 5　卫星遥感可见光监测我国中东部地区霾动态

（a. 2014 年 11 月 9 日上午；b. 2014 年 11 月 10 日下午；c. 2014 年 11 月 12 日上午；d. 2014 年 11 月 12 日下午）

　　来自同日地面站点的 AQI 观测数据对比（图 6 和 7）也表明：前几天聚集在山东、河南和江苏等地较严重空气污染气团主体在低层和近地面偏西北气流的作用下（图 7 和 8），进一步向

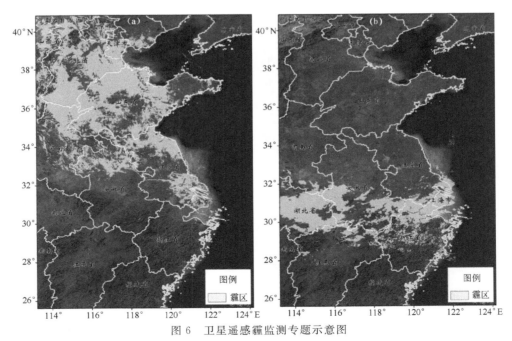

图 6　卫星遥感霾监测专题示意图

（a. 2014 年 11 月 10 日上午；b. 2014 年 11 月 12 日下午）

东南和我国近海移动,10 日上午显示江苏南部、安徽和上海等地 AQI 指数普遍较高,达到重度污染等级;12 日开始我省北部地区,特别是北部杭州湾及沿海地区普遍都遭受到了中度,局部重度的污染,12 日 16:00 的大气成分监测显示,浙北的嘉兴、杭州、湖州等地 PM2.5 浓度普遍超过 150 $\mu g/m^3$,达到重度污染级别。

随着冷空气过境南压,11 月 13 日白天开始我省北部地区空气质量已逐渐转好(图 7)。

另外,由于云系覆盖卫星遥感无法准确监测到我省近日秸秆焚烧和森林火点情况。

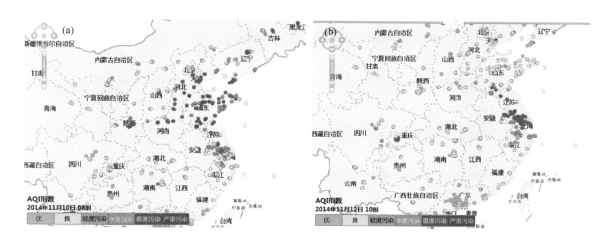

图 7   我国中东部地区站点空气质量站点 AQI 实时监测对比
(a.10 日 08 时;b.12 日 10 时)

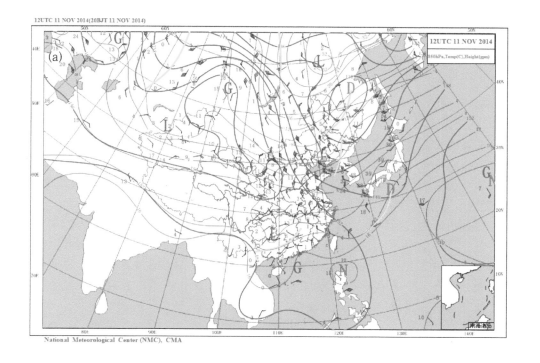

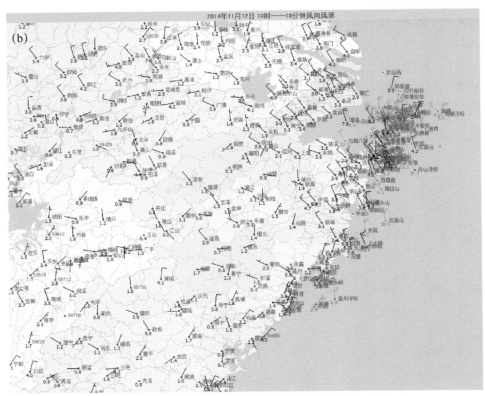

图 8　850 hPa 天气形式分析和浙江省及周边 10 分钟风向风速

(a. 2014 年 11 月 11 日 20 时；b. 11 月 12 日 10 时)

5　小结

本文综合利用可见光云图定性判识、多光谱专题提取以及结合空气质量指数（AQI）、天气预报等进行的一系列分析，分析 2014 年中国东部地区多个典型霾日 FY-3/VIRR 通道特征参数与 AQI 之间的关系，为雾霾形成机理、来源分析等研究及预报预警工作提供辅助依据，得到以下主要结论：

（1）极轨卫星真彩色合成图为霾的定性判识提供了直接依据，通过与晴空云图的比较，直观得了解霾的分布范围；

（2）通过分析霾的波谱特征，利用可见光、短波红外以及热红外三个通道阈值，构建霾的判识指标，在 SMART 软件下实现霾的初步判识，并对照真彩色合成图、空气质量指数（AQI）等辅助知识，用 SMART 里的魔棒工具，对不是霾的信息进行剔除，通过遥感手段开展霾的定量识别，对霾的分布有了更明确的提取，为雾霾形成机理、来源分析等研究及预报预警工作提供辅助依据，此外也进一步满足了公众和决策的需要；

（3）利用 FY-3 各通道数据对空气质量指数（AQI）进行判别分析结果表明，在 FY-3/VIRR 各通道数据中，对中度污染及以上级别的判识度较高，正确率约为 68.1%，也就是说遥感图像对轻度污染的条件并不敏感。霾的专题提取也是主要针对中度污染及以上级别，对轻度污染反映不佳。

目前,霾的遥感监测服务工作在浙江省气象局还刚刚起步,要实现自动化、定量化的判识仍需进一步的研究分析。

参考文献

[1] 马国欣,薛永祺,李高丰.珠江三角洲地区的灰霾监控与卫星遥感.科技导报,2008,**26**(16):72-76.

[2] 吴兑,毕雪岩,邓雪娇,等.珠江三角洲大气灰霾导致能见度下降问题研究.气象学报,2006,**64**(4):510-517.

[3] 吴兑,邓雪娇,毕雪岩,等.细粒子污染形成灰霾天气导致广州地区能见度下降.热带气象学报,2007,**23**(1):1-6.

[4] 孙娟,束炯,鲁小琴,等.MODIS 遥感气溶胶光学厚度产品在地面能见距中的应用.环境科学与管理,2006,**31**(5):97-101.

[5] 李旭文,牛志春,王经顺,等.遥感影像反演区域能见度及其与地面空气质量监测数据一致性研究.环境监测管理与技术,2011,**23**(1):20-27.

[6] 王中挺,厉青,李莘莘,等.基于环境一号卫星的霾监测应用.光谱学与光谱法分析,2012,**32**(3):775-780.

[7] 刘勇洪.基于 NOAA/AVHRR 卫星资料的北京地区霾识别研究.气象,2014,**40**(5):619-627.

[8] 陈希镇,曹惠珍.判别分析和 SPSS 的使用.科学技术与工程,2008,**8**(13):1671-1819.

[9] 邵尊敬,吴志旭,张雅燕.应用 SPSS 软件实现环境统计中的判别分析.甘肃环境研究与监测,2003,**16**(4):469-471.

基于 MODIS 数据的北京区域蒸散量估算研究[①]

梁冬坡　　孙治贵　　宋鑫博　　郭玉娣

(天津市津南区气象局,天津 300074)

摘　要:蒸散发(ET)是地表能量与水量平衡的重要分项,是水文循环的一个重要组成部分,准确地估算出区域蒸散发量可以为实现流域水资源的有效管理和真实节水提供科学依据。本文基于 MODIS 遥感数据产品,结合气象台站的观测数据及相关专题图,应用 SEBS 遥感模型估算了北京地区 2006—2008 年三年的地表蒸散量,对其在典型下垫面上的结果做了验证比较,并简单分析了其时空分布特征,结果与实际状况是相吻合的,说明该模型应用在北京地区的遥感监测 ET 是切实可行的。

关键词:遥感;MODIS 数据;SEBS 模型;区域蒸散量

1　前言

　　水源是基础性的自然资源和战略资源,是地球上一切生物赖以生存和发展的物质基础,而蒸散(Evapotranspiration,ET)作为地表水量平衡的重要分项,与水资源的合理利用密切相关。当前我国大部分地区都存在着不同程度的水资源短缺问题,且水分的利用率又远低于发达国家水平,如何在水资源短缺、水环境恶化的形势下实现流域水资源的有效管理和真实节水,准确估算出区域蒸散量就是解决这些难题的一个有效途径。由于蒸散发主要受气象因素和下垫面条件影响,其时间和空间变异性非常明显,传统的点计算方法很难克服计算代表性不强,时序性不好,成本高昂等缺点,不过随着遥感技术的发展,可见光、近红外和热红外等波段能够提供与水分和能量平衡过程密切相关的一些参数,因此,遥感技术不失为一个经济实用而有效的计算区域蒸散量方法。然而应用遥感技术估算蒸散量依然面临很多问题,如遥感数据和遥感监测模型的选择与适用性、模型的参数计算及时空尺度问题、地表非均匀性以及阻抗的精确估算等[1,2],因而需要后继者沿着前人的脚步继续探索。目前,利用遥感监测地表蒸散量的方法,最为流行的是基于能量平衡方程的模型。SEBS(Surface Energy Balance System)模型是由 Su 于 2002 年首次提出的基于地表能量平衡方程的遥感估算蒸散量模型[3],其自被提出后,已在国内的黄淮海平原、陇西黄土高原、吉林、黄河三角洲等许多地区得到了验证和应用[4~7]。本文根据北京地区的地形地貌和地表覆盖特征优化了 SEBS 模型的参数化方案,估算了北京地区 2006—2008 年三年的地表蒸散量,对其在典型下垫面上的结果做了验证比较,并简单分析了其时空分布特征。

---

　　① 作者简介:梁冬坡(1983—),男,天津,工程师,研究生,主要从事气象卫星遥感应用研究工作。E-mail:ldp83@qq.com

2 模型与方法

2.1 SEBS 模型

SEBS 模型的基本理论依据是地表能量平衡方程,其表达式为,

$$R_n = G + H + LE \tag{1}$$

式中 R_n 为净辐射通量;G 为土壤热通量;H 为显热通量;LE 为潜热通量。

2.1.1 净辐射

净辐射为地表向下短波、长波辐射与向上短波、长波辐射的差值,为,

$$R_n = (1 - \alpha) \cdot \frac{I_0 \cdot \tau \cdot \cos\theta}{R^2} + \varepsilon_a \sigma T_a^4 - \varepsilon_s \sigma T_s^4 \tag{2}$$

式中 α 为地表反照率;I_0 为太阳常数;τ 为短波大气透过率;θ 为太阳天顶角;$1/R^2$ 为日地距离订正因子;ε_a 为空气比辐射率;ε_s 为地表比辐射率;T_a 为气温;T_s 为地表温度;σ 为 Stefan-Bolzmann 常数。

2.1.2 土壤热通量

土壤热通量是土壤或水体的热交换能量。一般通过它与净辐射及植被覆盖的关系来确定,表示为:

$$G = R_n [\Gamma_c + (1 - f_c)(\Gamma_s - \Gamma_c)] \tag{3}$$

式中:全植被覆盖下,土壤热通量与净辐射的比值 $\Gamma_c = 0.05$;裸地情况下,土壤热通量与净辐射比值 $\Gamma_s = 0.315$;f_c 为植被覆盖率。在本文中,水体土壤热通量与净辐射的比值取 0.5[8]。

2.1.3 显热通量

显热通量是在已知大气状况和地表状况下利用莫宁－奥布霍夫相似理论计算得到。大气状况的描述包括参考高度处的风速、气温和湿度;描述地表状况的参数有地表或冠层的动力学粗糙度、热力学粗糙度和地表温度。根据近地层通量－廓线关系:

$$u = \frac{u_*}{k} \left[\ln\left(\frac{z - d_0}{z_{0m}}\right) - \Psi_m\left(\frac{z - d_0}{L}\right) - \Psi_m\left(\frac{z_{0m}}{L}\right) \right] \tag{4}$$

$$\theta_0 - \theta_a = \frac{H}{k u_* \alpha_p} \left[\ln\left(\frac{z - d_0}{z_{0h}}\right) - \Psi_h\left(\frac{z - d_0}{L}\right) - \Psi_h\left(\frac{z_{0m}}{L}\right) \right] \tag{5}$$

$$L = -\frac{\alpha_p u_*^3 \theta_v}{k g H} \tag{6}$$

式中 u 为风速;u_* 是摩擦风速;k 为 Karman 常数;Z 表示参考高度;d_0 是零平面位移高度;θ_0 和 θ_a 分别是地表和参考高度的虚温;Ψ_h 和 Ψ_m 分别是热量和动量传输的稳定度修正函数;H 表示显热通量;z_{0m} 是地表动力学粗糙度;z_{0h} 是热力学粗糙度;L 是莫宁－奥布霍夫长度;g 是重力加速度;θ_v 为近地表虚位温;ρ 表示空气密度;c_p 为空气的定压比热。

根据土地利用/覆盖图,针对不同土地利用类型,本文对于动力学粗糙度 Z_{0m} 的计算采用了不同的参数化方案。对于植被覆盖区域,计算公式为:

$$Z_{0m} = \exp(a \cdot \frac{NDVI}{\alpha} + b) \tag{7}$$

其中系数 a、b 通过观测资料拟合得到,在这里,a、b 取值分别为 0.50 和 2.21。其他类型下垫

面,z_{0m} 取固定常数值,分别为林地 0.5,水体 0.0003,交通用地 0.1,裸地 0.0001,居民地 0.8[9,10]。

热力学粗糙度 z_{0h} 受下垫面动力学和热力学特性、近地层空气与地表相互作用所决定,可通过与 z_{0m} 的经验关系来推算[11]。

2.1.4　潜热通量

SEBS 模型采用地表能量平衡指数法来确定蒸发比进而获得地表潜热通量。

$$LE = \Lambda \cdot (R_n - G) \tag{8}$$

2.2　日蒸散量的估算

本文假设:显热通量和潜热通量在一天之中会变化,但蒸发比在一天中近似不变,即可以近似地认为日平均蒸发比等于卫星过境时刻的瞬时蒸发比。日蒸散量可表示为:

$$ET_{daily} = 8.64 \times 10^7 \times \Lambda \times (R_{ndaily} - G_{daily})/(\lambda \rho_w) \ (mm) \tag{9}$$

式中 R_{ndaily} 为日净辐射;G_{daily} 为日土壤热通量;ρ_w 为水密度(1 kg/m³);λ 为水的汽化热量,取值为 2.47×10^6 J/kg。在晴天条件下,日土壤热通量可忽略不计。其中日净辐射为

$$R_{ndaily} = (1 - \alpha)K_{24}^{\downarrow} + L_{24} \tag{10}$$

式中 α 为地表反照率,根据遥感数据获得;$K_{24}^{\downarrow}$ 为日太阳总辐射;L_{24} 为日净长波辐射。日太阳总辐射和日净长波辐射的计算可参考 Su 等[3]提出的有关方法。

2.3　年蒸散量的估算

遥感方法估算的蒸散量常常受到云的影响,因此也减少了用来估算年蒸散量的可利用遥感影像的数量,由于云的影响而缺少天的蒸散量,本文采用时间序列分析方法 HANTS,基于一定数量晴天数据插补得到。

HANTS(Harmonic Analysis of Times Series,HANTS)是基于傅立叶变换改进的一种时间序列分析方法。傅立叶变换是处理周期性时间序列图像十分有效的分析方法,它是基于谐波的余弦分解,将图像信息分解成幅值信息和相位信息进行分析[12]。这种时间序列分析方法允许数据在时间序列上不等间距,并允许用户选择周期性函数的频率去模拟观测的时间序列数据,因此,该方法可以反映由于气象和地表水状况引起的蒸散量变化。

3　研究区域与数据

3.1　研究区域

北京市位于华北平原西北边缘,市中心经纬度为北纬 39 度 54 分,东经 116 度 23 分。东西宽约 160 km,南北长约 176 km,总面积约为 16800 km²。北京与天津相邻,并与天津一起被河北省环绕。北京地区年均降雨量 626 mm,为华北地区降雨最多的地区之一,山前迎风坡可达 700 mm 以上,西北部和北部深山区少于 500 mm,平原及部分山区则在 500～650 mm 之间。降水季节分配很不均匀,全年降水的 75% 集中在夏季,7、8 月常有暴雨。北京全市共辖 12 个区、6 个县,全市土地利用类型多种多样,包括耕地、园地、林地、牧草地、居民地、交通道路和水系等,其中中部地区为主城区,土地利用类型以居民地、交通用地等为主,近郊区及南部地区以农田和园地为主,而在北部地区,林地占了较大的比重。

3.2 数据

本研究中所用到的数据主要包括北京地区 20 个常规气象台站的气象数据、MODIS 遥感数据产品(地表温度、植被指数、叶面积指数、地表反照率等)以及相关专题图:北京市行政区划图(1∶100000)、土地利用/覆盖图(2006 和 2008 年)(1∶100000)、数字高程图(1∶50000)等,在具体应用过程中要对这些专题图件做进一步的裁剪、重采样及范围匹配等处理,此外在对计算结果进行验证时采用了北京市水文总站提供的 2006—2008 年利用水量平衡方法计算得到的北京市以及分区/县的年平均 ET 数据、2006—2008 年密云气象站 E601 蒸发皿的观测数据等。

4 结果与分析

4.1 水量平衡结果对比

文中对 2006—2008 年北京市大兴、房山、密云、平谷、通州五个区县遥感估算年 ET 与水量平衡方法计算的 ET 进行了比较:

可以看出 2006 年密云和 2008 年密云、平谷县的遥感估算年 ET 均比水量平衡 ET 偏大,其他则均为遥感估算各区县年 ET 小于水量平衡计算值(图1)。从统计结果来看,两者的平均绝对百分比误差 MAPD 为 19.22%,均方根误差 RMSD 为 133.45 mm,这表明遥感估算结果在整齐上有很好的可信度。

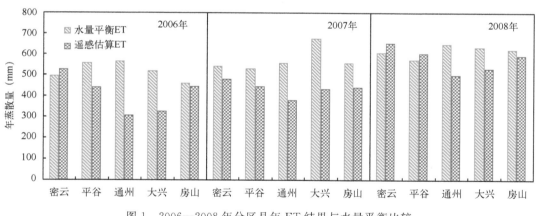

图 1 2006—2008 年分区县年 ET 结果与水量平衡比较

4.2 E601 蒸发皿结果验证

本研究对于模型中估算的北京区域水面上蒸发量结果的验证分析采用了密云气象站 E601 型蒸发皿的观测资料,实际中一般默认用 20 m² 蒸发池的观测数据来代替自然水体的蒸发量,因此这里要将 E601 型蒸发皿的观测结果折算成 20 m² 蒸发池的蒸发量,折算方案采用吴景峰等[13]研究得出的结果。

验证过程中,本文主要在密云水库处选取了一个 3×3 像元范围的纯水体区域(9 km²)求取像元均值来代表遥感估算水面的蒸发量,以消除混合像元因素在遥感结果中的影响,对比2006—2008 年 4—9 月水面蒸发量结果如下:

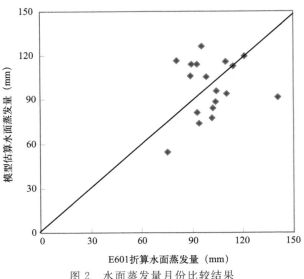

图 2　水面蒸发量月份比较结果

由图 2 所示,遥感模型估算的月水面平均蒸发量与密云气象站 E601 蒸发皿观测资料折算的水面蒸发量结果基本一致,仅有个别月份差别稍大一些,经过误差统计,两者的均方差 RMSD 为 21.76 mm,平均绝对百分比误差 MAPD 为 19.17%,相关系数为 0.65。此外这里又将 4—9 月份遥感估算的蒸发总量与 E601 蒸发皿观测数据折算的蒸发总量做了比较(表 1)。

表 1　2006—2008 年 4—9 月水面蒸发总量的比较　　　　　　　　　　(单位:mm)

	遥感估算值	E601 观测值	MAPD
2006	604.8	595.3	1.61%
2007	617.7	662.5	6.83%
2008	547.6	559.3	2.06%

由以上分析可见,遥感估算的水面蒸发与观测值有较好的一致性,两者的相对误差为 5% 左右。

4.3　遥感估算北京区域蒸散量的时空变化特征

北京作为我国的政治文化中心,近年来由于经济的迅猛发展和人口的快速增长,水资源紧缺的情况愈发严重。地表蒸散发量是水循环的一部分,对它进行准确监测也是实现流域水资源的有效管理和真实节水的一个重要手段。本文对利用遥感模型估算的北京地区 2006—2008 年的地表蒸散量的时空变化特征作了简要分析,以期望为北京地区合理利用水资源提供有益的参考依据。

从图 3 中可以看出,北京地区 2006—2008 年蒸散量的空间分布变化趋势基本一致,呈现市区中心小,随着向外延伸蒸散量越来越大的特点。以 2006 年为例,在北京市的东城、西城、宣武等主城区,下垫面多为水泥等人造建筑表面,年蒸散量较小,分别为 81.3 mm,92.4 mm 和 83.6 mm;而随着向外近郊区的延伸,城市化程度逐渐降低,水泥地等下垫面所占比例减小,蒸散量开始增大,在丰台、朝阳、昌平、大兴等近郊区,年蒸散量分别为 122.3 mm,

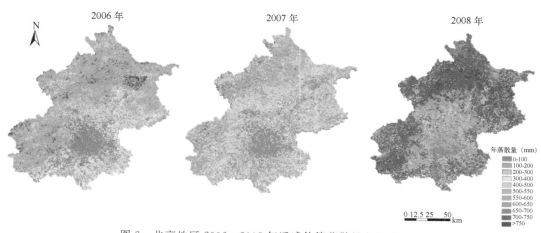

图 3　北京地区 2006—2008 年遥感估算蒸散量空间分布图

117.2 mm,293.4 mm 和 450.1 mm;到了北京的远郊县,如北京北部的延庆,怀柔,密云及东部的平谷,西南部的房山和门头沟等地区,下垫面多为农田或林地,是北京地区蒸散量较高的区域,年蒸散量分别为 525.2 mm,574.3 mm,563.2 mm,479.4,465.7 mm 和 572.6 mm。但同时需要指出的是,在远郊区的县城等人口密集的居民区,蒸散量也很小,如密云县城范围年蒸散在 200 mm 左右。此外,我们还可以看出,2008 年北京地区的蒸散量明显要比 2006 和2007 年的蒸散结果偏大,这一原因可以结合北京地区这三年的降水量来看,2008 年北京地区的年均降水量为 649 mm,而 2006 和 2007 年北京地区年均降水仅为 471 mm 和 493 mm,这里进一步将北京地区的遥感估算的年蒸散量的分布与年降水量相结合,分析蒸散量的空间分布特征。

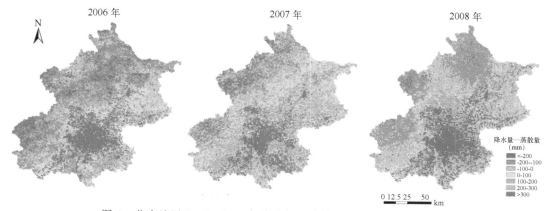

图 4　北京地区 2006—2008 年降水与遥感估算 ET 差值空间分布图

　　从图 4 中可以看出,降水与蒸散差值以北京市主城区为中心呈向外扩散增大的趋势,这主要是因为城区范围内下垫面多为水泥等人造建筑表面,降水主要通过地表径流汇入地下水道,而被蒸散所消耗的量很小,所以城区范围年降水要普遍大于蒸散发结果,在东城、西城、宣武等主城区,降水与 ET 的差值在 300 mm 以上;而在北京的近郊区如丰台、朝阳、昌平、大兴等城区,降水量依然大于蒸散量,降水与 ET 差值在不同下垫面下在 0～200 mm 之间变化;到了北京北部的延庆,怀柔及西部门头沟等远郊区县,下垫面多为农田或林地,而农田区又大多因为农作物的种植要有灌溉等水源输入,因此蒸散发要比年降水结果偏大。

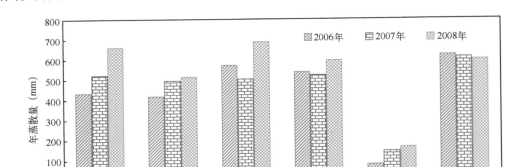

图 5　北京地区 2006—2008 年不同类型下垫面年 ET 值比较

　　结合土地利用覆盖图,本文对模型估算的 2006—2008 年 3 年的年 ET 结果,分析了在不同类型下垫面上蒸散量的变化情况,如图 5 所示,为消除混合像元对不同下垫面类型上 ET 值的影响,文中在获取不同下垫面 ET 值时主要选取了同一下垫面成片聚集区域像元的平均值。在这六种不同类型下垫面上,这里以 2007 年具体数值来看,不同下垫面年蒸散量大小依次是水体、耕地、草地、林地、园地和建设用地,年蒸散量分别为 610 mm,524 mm,523 mm,504 mm,496 mm 和 146 mm。建设用地由于水泥地面比例较高,蒸散能力最低也是合理的,林地、草地、耕地和园地的蒸散能力主要与其植被长势和灌溉情况有关,而水体表面性质单一,平均蒸散能力理论上在实际中也是最高的,这就表明该遥感模型估算的北京区域蒸散量的空间分布是较为合理的。

5　结论与讨论

　　总体来说,SEBS 模型估算的北京地区蒸散量从时间上来看其变化与降水变化趋势一致,在空间分布状况上也较为合理,同时模型具有较高的的精度。水量平衡方法的验证结果,遥感估算蒸散量平均绝对百分比误差 MAPD 为 19.22%,模型估算的年 ET 值与密云气象站 E601 折算的水面蒸发量的相对误差为 5% 左右。

　　最后如果将本文模型与 GIS 技术相结合,再结合土地利用覆盖图、植被类型、土壤含水量、作物产量等信息,就可以对北京各局部地区的蒸散量进行实时监测,及时掌握各种不同下垫面的地表蒸散耗水量大小,进而能够为相关职能部门提供一个地表蒸散耗水量的管理平台,为区域水资源管理提供有效的参考依据,使得水资源开发利用的管理工作更加合理化、科学化。

参考文献

[1]　王介民,高峰,刘绍民.流域尺度 ET 的遥感反演遥感技术与应用. 2003,**18**(5):332-338.

[2]　高彦春,龙笛. 遥感蒸散发模型研究进展.遥感学报,2009,**12**(3):515-524.

[3]　Su Z. The Surface Energy Balance System (SEBS) for estimation of turbulent heat fluxes. *Hydrology and Earth System Sciences*. 2002,**6**(1):85-99.

[4] 何延波，Su ZB，贾立等.遥感数据支持下不同地表覆盖的区域蒸散.应用生态学报.2007，**18**(2)：288-296.

[5] 詹志明，冯兆东，秦其明.陇西黄土高原陆面蒸散的遥感研究.地理与地理信息科学，2004，**20**(1)：16-19.

[6] 周云轩，王黎明，陈圣波等.吉林西部陆面遥感蒸散模型研究.吉林大学学报(地球科学版)，2005，**35**(6)：812-817.

[7] 张长春，王晓燕，邵景力.利用 NOAA 数据估算黄河三角洲区域蒸散量.资源科学.2005，**27**(1)：86-91.

[8] Waters R，Allen R，Tasumi M，*et al*. SEABL(Surface Energy Balance Algorithms for land)：*Advanced Training and Users Manual*，version 1.0，98p，2002.

[9] Soushi，K，Analysis of urban heat-island effect using ASTER and ETM＋ Data：Separation of anthropogenic heat discharge and natural heat radiation from sensible heat flux，*Remote Sensing of Environment*，2005，**99**：44-54.

[10] Gao Z，Bian L. Estimation of aerodynamic parameters in urban areas，*Quarterly Journal of Applied Meteorology*，2002，**1**：26-33.

[11] Kalma J D，McVicar T R，McCabe M F. Estimating land surface evaporation：a review of method using remotely sensed surface temperature data. *Surveys in Geophysics*，2008，**29**：421-469.

[12] Verhoef W. Application of Harmonic Analysis of NDVI Time Series(HANTS)，In：Azzali and Menenti (eds)，Fourier analysis of temporal NDVI in the Southern African and American continents. Report of DLO Winand Staring Centre，Wageningen (The Netherlands)，1996.

[13] 吴景峰，王永亮，徐佳.20 m² 蒸发池水面蒸发研究.南水北调与水利科技.2009，**7**(5)：66-69.

基于 MODIS 数据的甘肃河西植被覆盖动态变化分析

蒋友严[①]

（西北区域气候中心，兰州 730020）

摘　要：本文利用 2000—2013 年 MOD13A3 数据，基于遥感和地理信息系统技术，获取近 14 年甘肃河西归一化植被指数（NDVI）时序数据集。利用最大值合成法、趋势线分析、Hurst 指数方法分析其时空变化；同时采用像元二分模型计算并分析了河西地区植被覆盖度。结果表明：2000—2013 年甘肃河西地区植被指数整体上增加趋势明显；强持续性变化区域占整个河西地区面积最大，为 18.1%，强反持续性变化区域仅占整个河西地区的 0.2%；2013 年高覆盖和中覆盖区域面积比 2000 年增加，低覆盖区域面积减少，整体上低覆盖区域向中、高覆盖区域转化；河西地区植被高覆盖区域面积变化与年降水量相关性较小，低、中覆盖区域面积变化与降水量相关性较大，总体上甘肃河西植被覆盖区域面积都有微弱增加趋势。

关键词：河西；归一化植被指数；趋势分析；Hurst 指数

1　前言

植被是区域生态环境中十分重要的因子，在保持水土流失、调节大气、维持气候及整个生态系统稳定等方面都具有十分重要的作用[1]。地表植被覆盖的变化也影响局部气候及区域生态平衡，对地表植被覆盖变化进行研究可以为制定合理的土地利用方式和开展有效的生态环境保护工作提供科学依据[2]。

在大、中尺度的区域研究中，遥感方法是监测全球和区域植被变化的有效手段，利用遥感数据与方法分析植被的覆盖变化具有独特的优势。目前已经有很多利用遥感测量植被覆盖度的方法，其中植被指数（*NDVI*）已广泛用来定性和定量评价植被覆盖及其生长活力，*NDVI* 能够反映地表植被生长的基本状况[3]，近 20 多年来，国内外学者基于长时间序列的 *NDVI* 数据集在不同的空间和时间尺度上对地表植被覆盖变化进行了深入分析研究，范娜[4]等利用 MODIS09Q1 数据对澜沧江流域植被覆盖进行了动态分析；刘宪锋[5]等、孙艳萍[6]等利用 MODIS NDVI 数据源，对黄土高原地区的植被覆盖度进行了研究；李建国[7]等利用 MOD13A3 NDVI 数据对三峡库区重庆段植被特征进行了研究；刘艳等[8]利用 MOD12Q1 数据对北疆地区荒漠化进行了监测。

甘肃河西地区气候干旱，生态环境脆弱，是我国气候变化的敏感地带，自 20 世纪 50 年代至 20 世纪末，该地区由于自然因素和人为因素造成的生态环境脆弱和恶化使土地荒漠化有进

---

①　西北区域气候中心，邮箱：jiangyouyan1981@163.com；电话：0931－4670216－2441

一步加剧的趋势。21世纪初,国家启动河西三大流域综合治理工程,对河西地区生态环境进行综合治理,在此背景下本研究基于 2000—2013 年 MOD13A3 数据对河西地区植被覆盖进行遥感动态监测,了解其现状及发展变化趋势,该研究将对河西环境保护和生态环境建设具有重要的意义。

2 研究区概况

甘肃省河西地区地处我国内陆腹地,在行政区划上包括了甘肃省武威、张掖和酒泉地区。该地区气候干旱而寒冷,多年平均年降水量不到 200 mm,是甘肃省降水最少的地区。该区域自东向西、由南到北降水量的水平分布特征十分明显。南部的祁连山区为高寒——潮湿区,最高峰海拔为 5564 m,山势陡峻,沟深,切割大。年降水量 100～600 mm,山区垂直分带明显。4000 m 以上为高山终年积雪,冰川、冻土发育。整个地区植被具有来源广泛的地理成分,组成了平原和山地的森林、灌丛、草原、荒漠、草甸和沼泽等不同的植被类型。4000 m 以下不同高度上分布有苔藓、草甸、灌丛、森林的植物群落;河西走廊中部为盆地地区,海拔高度为 1200～2000 m,呈南高北低之趋势,地形较为平坦,是河西走廊,也是甘肃省农作物的主要产区;其北部为戈壁、沙漠地区,属低山丘陵区,气候炎热、植被稀少[9]。

3 资料来源与研究方法

3.1 资料来源

采用美国 NASA 提供的 MOD13A3 植被指数产品数据(http://reverb.echo.nasa.gov),MOD13A3 是陆地 2 级标准数据产品,它是逐月 1 km×1 km 的正弦投影影像。其时间范围是 2000—2013 年,数据格式为 EOS-HDF,首先使用 MRT(Modis Reprojection Tools)软件进行格式转换和投影转换,把 Hdf 格式转换为 Geotif 格式,把 Sinusoidal 投影转换为 WGS_1984_Geographic,最后以甘肃河西边界图为掩膜裁剪出区域植被指数数据用于分析计算研究。

2000—2013 年甘肃河西区域共 19 个自动气象站降水月平均数据,数据来源甘肃省气象局。

3.2 研究方法

3.2.1 NDVI 最大值合成法

每年最大化 NDVI 数据通过国际通用的最大值合成法 MVC(Maximum Value Composites)获得,它可以进一步消除云、大气等的干扰[10]。其计算方法如下:
$$M_{NDVI_i} = \text{MAX}(NDVI_{ij})(i=1,2,\cdots,10;j=1,2,3)$$
式中 M_{NDVI_i} 为第 i 年的最大化 NDVI 值;i 为 1～14 的整数,数值分别代表 2000—2013 年;$NDVI_{ij}$ 为每月 NDVI 值;j 为 1～3 的整数。M_{NDVIi} 是一年内植被最丰盛时期的 NDVI 值,其变化可以反映气候和人为因素导致的植被年际变化。

3.2.2 趋势线分析

趋势线分析方法可以模拟每个栅格的变化趋势,反映不同时期植被 NDVI 变化趋势的空间特征[11~12]。其公式为：

$$S = \frac{n \cdot \sum\limits_{j-1}^{n} j \cdot NDVI_j - \sum\limits_{j-1}^{n} j \sum\limits_{j-1}^{n} NDVI_j}{n \cdot \sum\limits_{j-1}^{n} j^2 - (\sum\limits_{j-1}^{n} j)}$$

式中 n 为监测年数；$NDVI_j$ 为第 j 年 $NDVI$ 的最大值；S 是趋势线的斜率，其中 $S>0$，说明 $NDVI$ 在 n 年间的变化趋势是增加的，反之则是减少。趋势显著性检验采用 F 检验，根据各像元植被指数变化趋势和显著性水平，将变化趋势分为 4 类：显著增加（$S>0$，$\alpha \leqslant 0.05$）、无显著增加（$S>0$，$\alpha>0.05$）、无显著减少（$S<0$，$\alpha>0.05$）和显著减少（$S<0$，$\alpha \leqslant 0.05$）。

3.2.3 Hurst 指数

Hurst 指数是描述自相似性和长程依赖性现象的有效方法，它在水文、气候、地质和地震等领域广泛运用[13]。Hurst 指数的估算方法有多种，本研究采用估算结果相对可靠的基于重标极差（R/S）分析方法的 HURST 指数[14]，其公式为：

NDVI 时间序列 $NDVI_i$，$i = 1,2,3,4,\cdots,n$，对于任意正整数 m，定义该时间序列的均值序列：

$$\overline{NDVI(m)} = \frac{1}{m} \sum_{i=1}^{m} NDVI_i, \quad (m = 1,2,\cdots,n)$$

累计离差：

$$X(t) = \sum_{i=1}^{m} (NDVI_i - \overline{NDVI(m)}), \quad (1 \leqslant t \leqslant m)$$

极差：

$$R(m) = \max_{1 \leqslant m \leqslant n} X(t) - \min_{1 \leqslant m \leqslant n} X(t), \quad (m = 1,2,\cdots,n)$$

标准差：

$$S(m) = \left[\frac{1}{m} \sum_{i=1}^{m} (NDVI_i - \overline{NDVI(m)})^2 \right]^{\frac{1}{2}} \quad (m = 1,2,\cdots,n)$$

H 为 Hurst 指数。H 值可以根据 m 和对应计算所得 R/S 值。根据 H 的大小可以判断 NDVI 序列是完全随机还是存在持续性。Hurst 指数（H 值）取值包括 3 种形式：如果 $0.5<H<1$，表明时间序列是一个持续性序列，具有长期相关的特征。如果 $H=0.5$，则说明 NDVI 时间序列为随机序列，具有随机游走的特性，不存在长期相关性。如果 $0<H<0.5$，则表明 NDVI 时间序列数据具有反持续性，也就是说过去的变量与未来的增量呈负相关，序列有突变跳跃逆转性。H 值越接近于 0，其反持续性越强；越接近 1，其持续性越强。

3.2.4 植被覆盖度

植被覆盖度是指在一定范围内植被的垂直投影与地表面积的百分比，是反映地表信息的主要参数，同时也是土地沙漠化重要的评价指标[3]。在大、中尺度的区域研究中，遥感方法是监测全球和区域植被变化的有效手段，利用遥感数据与方法分析植被的覆盖变化具有独特的优势。目前已经有很多利用遥感测量植被覆盖度的方法，较为实用的方法是利用植被指数近似估算植被覆盖度，采用李苗苗等[15]在像元二分模型的基础上研究的模型：

$$VFC = (NDVI - NDVI_{soil}) / (NDVI_{veg} - NDVI_{soil}) \tag{1}$$

其中,VFC 为植被盖度,$NDVI_{soil}$ 为完全是裸土或无植被覆盖区域的 $NDVI$ 值,$NDVI_{veg}$ 则代表完全被植被所覆盖的像元的 $NDVI$ 值,即纯植被像元的 $NDVI$ 值。$NDVI_{soil}$ 和 $NDVI_{veg}$ 值值会随着空间而变化[16]。本文利用研究区的林地植被覆盖图和土壤数据,作为计算 $NDVI_{soil}$ 和 $NDVI_{veg}$ 值的依据,提取每一单元内的 $NDVI$ 值,针对每个单元计算 $NDVI$ 值的频率累积值,最后根据频率累积表,土种单元的内取频率为 5% 的 $NDVI$ 值为 $NDVI_{soil}$,土地利用单元的内取频率为 95% 的 $NDVI$ 值为 $NDVI_{veg}$[15]。

结合甘肃河西的实际,根据植被覆盖度的大小,定义 0<VFC≤0.1 为极低覆盖植被区,0.1<VFC≤0.3 为低覆盖植被区,0.3<VFC≤0.5 为中覆盖植被区,VFC>0.5 为高覆盖植被区。

4 结果与分析

4.1 河西植被变化趋势分析

首先利用最大化合成的方式对 2000—2013 年 6—8 月的数据做最大化合成,得到每年植被丰盛时期植被指数,分析得到植被指数在 0.7 以上的区域大部分集中于祁连山的东、中段周边区域,该区域多为位于祁连山水源涵养林区。然后利用趋势线分析方法对河西植被的变化趋势进行分析(图 1),图中,植被无显著增加或者降低的区域大部分位于荒漠区域,显著降低和显著增加区域相间分布,分别占整个甘肃河西地区的 11.3% 和 14.9%,整体上显著增加趋势明显。

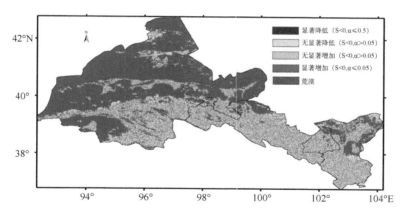

图 1　2000—2013 年甘肃河西地区近 14 年 MAXNDVI 变化趋势

4.2 河西植被变化持续性分析

利用 Hurst 指数方法对甘肃河西进行植被指数持续性变化进行分析(图 2),图中,强持续性变化区域占整个河西地区的 18.1%,集中在祁连山中、东段周边区域、河西西部绿洲的中间部分区域;中持续性变化区域占整个河西地区的 0.3%,分布在强持续性区域的外围;强反持续性变化区域占整个河西地区的 0.2%,分布在民勤的北部地区;中反持续性区域分布相对较为分散,无明显特点,占整个河西地区的 7.1%;植被指数持续性变化不明显的弱反持续性和弱持续性区域占整个河西的 74.3%,该区域大部分为戈壁和沙漠。

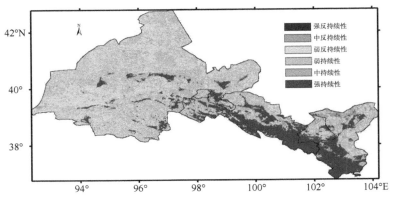

图 2　基于 Hurst 指数的甘肃河西植被变化持续性分析图

4.3　河西植被覆盖度变化分析

　　分别做出 2000 年、2013 年 6—8 月河西植被覆盖度合成图(图 3、图 4),图中,高、中覆盖度区域都集中于祁连山的中、东段周边区域、石羊河下游民勤绿洲、黑河下游绿洲区域及酒泉到敦煌的狭长绿洲区域。2000 年高覆盖区域、中覆盖区域和低覆盖区域分别占河西地区的 6.32%、14.9%和 18.8%。2013 年高覆盖、中覆盖区域面积较 2000 年增加,分别占河西地区面积的 6.92%和 16.3%;低覆盖区域面积较 2000 年有所减少,占河西地区面积的 11.7%;戈壁、荒漠等极低覆盖度区域变化不大,整个区域分析低覆盖区域向中、高覆盖区域转化。

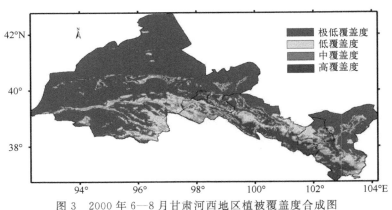

图 3　2000 年 6—8 月甘肃河西地区植被覆盖度合成图

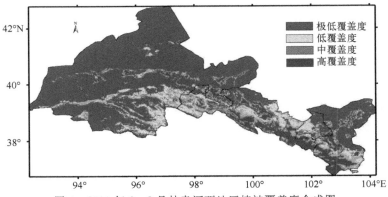

图 4　2013 年 6—8 月甘肃河西地区植被覆盖度合成图

　　对 2013 年和 2000 年甘肃河西植被覆盖度进行差值分析(图5),图中,2013 年较 2000 年整体上植被覆盖度增加区域较大,占整个河西区域的 10.11%;减少的区域主要集中在祁连山周边区域,其占整个河西区域的 4.64%。

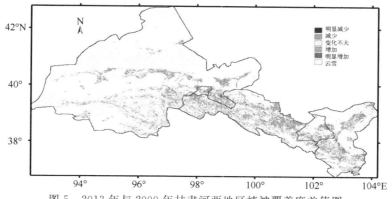

图 5　2013 年与 2000 年甘肃河西地区植被覆盖度差值图

　　由于甘肃河西地区年平均温度变化不大,我们只对河西地区各植被覆盖面积与年降水量做折线图(图6),图中,河西地区高覆盖、中覆盖和低覆盖区域面积与年降水量相关系数 R 分别为 0.2、0.49 和 0.61。高覆盖区域与年降水量相关性较小,这主要是因为河西植被高覆盖区域主要为灌溉农田,受降水影响较小;低、中覆盖区域面积变化与降水量相关性较大,总体上甘肃河西植被覆盖区域面积都有微弱增加趋势。

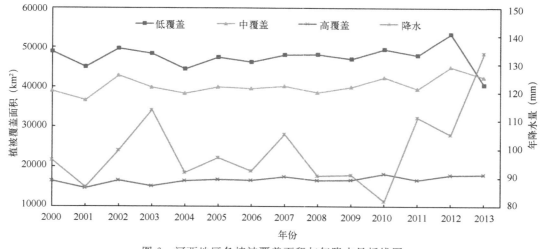

图 6　河西地区各植被覆盖面积与年降水量折线图

5　结论与讨论

　　通过 2000—2013 年甘肃河西地区植被指数趋势分析得到,植被指数在 0.7 以上的区域大部分集中于祁连山的东、中段周边区域,甘肃河西植被区域无显著增加或者降低区域大部分位于荒漠区域,显著降低和显著增加区域相间分布,分别占整个甘肃河西地区的 11.3% 和 14.9%,整体上显著增加趋势明显。

　　利用Hurst指数方法对甘肃河西进行植被指数持续性变化进行分析得到强持续性变化区域占整个河西地区面积最大，为18.1%，主要集中在祁连山中、东段周边区域、河西西部绿洲的中间部分，河西植被持续性变化趋势较强。强反持续性变化区域仅占整个河西地区的0.2%。植被指数持续性变化不明显的弱反持续性和弱持续性区域占整个河西的74.3%，该区域大部分为戈壁和沙漠。

　　分析2000年、2013年6—8月的河西地区植被覆盖度合成图及差值图，2013年高覆盖和中覆盖区域面积比2000年增加，低覆盖区域面积减少，极低覆盖度区域变化不大，整体上低覆盖区域向中、高覆盖区域转化。对河西地区各植被覆盖面积与年降水量做相关分析，高植被覆盖区域面积变化与年降水量相关性较小；低、中覆盖区域面积变化与降水量相关性较大，总体上甘肃河西植被覆盖区域面积都有微弱增加趋势，同时反映了甘肃河西生态环境综合治理工程的成果。

参考文献

[1] 孙红雨,王长耀,牛铮,等.中国地表植被覆盖变化及其与气候因子关系——基于NOAA时间序列数据分析.遥感学报,1998,(3):204—210.
[2] 王桂钢,周可法,孙莉,等.近10a新疆地区植被动态与R/S分析.遥感技术与应用,2010,(1):84-90.
[3] 刘同海,吴新宏,董永平.基于TM影像的草原沙漠化植被盖度分析研究.干旱区资源与环境,2010,24(2):141-144.
[4] 范娜,谢高地,张昌顺,等.2001—2010年澜沧江流域植被覆盖动态变化分析.资源环境,2012,34(7):1222-1231.
[5] 刘宪锋,杨勇,任志远,等.2000—2009年黄土高原地区植被覆盖度时空变化.中国沙漠,2013,33(1):1214-1219.
[6] 孙艳萍,张晓萍,刘建祥,等.黄土高原水蚀风蚀交错带植被覆盖度动态变化.干旱区研究,2013,30(6):1036-1043.
[7] 李建国,濮励杰,刘金萍,等.2001—2010年三峡库区重庆段植被活动时空特征及其影响因素.资源环境,2012,34(8):1500-1507.
[8] 刘艳,李杨,崔彩霞,等.MODIS MOD12Q1数据在北疆荒漠化监测中的应用评价.草叶学报,2010,19(3):14-21.
[9] 胥宝一,李得禄.河西走廊荒漠化及其防治对策探讨.中国农学通报,2011,27(11):266-270.
[10] Stow D, Petersen A, Hope A. Greenness trends of Arctic tundra vegetation in the 1990s:Comparision of two NDVI datasets from NOAA AVHRR system. *International Journal of Remote Sensing*,2007,**28**(21):4807-4822.
[11] Stow D, Daeschner S, Hope A, *et al*. Variability of the seasonally integrated normalized difference vegetation index across the north slope of Alaska in the 1990s. *International Journal of Remote Sensing*,2003,**24**(5):1111-1117.
[12] 宋怡,马明国.基于SPOT VEGETATION数据的中国西北植被覆盖变化分析.中国沙漠,2007,**27**(1):89-93.
[13] Hurst H E. Long-term storage capacity of reservoirs. *Trans ASCE*,1951,(116):770-808.
[14] 江田汉,邓莲堂.Hurst指数估计中存在的若干问题——以在气候变化研究中的应用为例.地理科学,2004,**24**(2):177-182.
[15] 李苗苗,吴炳方,颜长珍,周为峰.密云水库上游植被覆盖度的遥感估算.资源科学,2004,**26**(4):153-159.
[16] Carlson TN, Ripley DA. On the relation between NDVI, fractional vegetation cover, and leaf area index. *Remote Sensing of Environment*,1997,**62**(3):241-252.

基于不透水面指数的
西安市地表覆被空间分异测度

王　娟[①]　卓　静　何慧娟　董金芳

（陕西省气象局农业遥感信息中心，西安 710014）

摘　要：以西安市 Landsat TM 影像为数据源，利用归一化差值不透水面指数（NDISI）和归一化植被指数（NDVI），获得西安市 1988 年、2000 年及 2014 年不透水面比例与植被覆盖度的空间分布。在此基础上采用分等级分区域统计、景观格局指数及空间自相关等方法对研究区地表覆被空间变化特征进行分析。研究结果表明：(1)西安市不透水面比例等级在 1988—2014 年分布变化十分明显，不透水面比例等级由低覆盖及以下等级为主要等级转变为高覆盖为主要等级，植被覆盖度由高覆盖为主要等级转变为以低覆盖为主要等级。(2)景观格局变化显示不透水表面比例和植被覆盖度的分维数分布在 1.30～1.65 之间，研究区斑块形态较为复杂，聚集度指数随着不透水面等级的增加而呈增加趋势，植被覆盖度趋势相反。(3)1988 年、2000 年及 2014 年不透水面比例在空间上均显示出较强的空间自相关特性，不透水面空间自相关指数表现为从分散到聚集又到分散的过程。

关键词：归一化差值不透水面指数；归一化植被指数；空间分异；西安市

1　前言

　　城市空间扩展是城市化的基本特征之一。伴随着我国改革开放政策的开展，城市化进程加快，成为全球地表覆被变化最为快速的发展地区之一[1]。随着城市化的不断深入，城市化的发展带来的不仅是人口及经济的社会问题，同时还伴随着了一系列生态环境问题，如区域资源短缺、绿地空间的丧失及城市生态恶化等[2,3]。通过大量研究显示，不透水面、水体、绿色植被及裸地是城市生态系统中最基本的组分[4]。不透水面比例指单位面积内沥青、水泥等不透水表面所占的面积百分比；植被覆盖度指单位面积中植被的垂直投影面积[5]。城市化的特征便是土地覆被发生改变，植被覆盖度迅速下降，不透水面不断增加。因此，利用不透水面比例和植被覆盖度分析城市扩展的时空格局变化特征，是城市景观生态学及城市规划等学科长期关注的热点[6]。

　　遥感监测目前广泛应用于城市地表覆被时空格局特征研究。传统的城市景观格局研究通常是应用中分辨率遥感影像进行解译得到不同景观类型，随后进行分析研究，然而由于城市内部地表覆被变化快，中尺度空间分辨率影像包含了混合像元，不能得到较精确的地表特征[7]。归一化差值不透水面指数（NDISI）指数是通过在多光谱波段内找出不透水面的最强辐射波段和最弱反射波段，将两者相除，应用归一化比值运算增大两者的差距，以此增强不透水面信息[8]。此指数使得具有不透水性质的地表表现出更高的热辐射强度，而植被表现出更低的反

————————————
　　① 陕西省农业遥感信息中心。邮箱：wangj_81@126.com；电话：029－81619506

射度。利用归一化差值不透水面指数这种连续型数据可以宏观的反映城市空间格局演变,并且可以细致地区分城市内部区域的土地类型变化特征[9]。本文以西安市为研究区,选取归一化差值不透水面指数(NDISI)和植被指数(NDVI),提取西安市不透水面比例和植被覆盖度,并对两者进行时空特征分析、景观格局分析及空间自相关分析,旨在为西安市城市建设发展规划提供科学依据。

2　研究区概况

西安市位于陕西省关中平原,地处 107°40′~109°49′E 和 33°39′~34°45′N 之间,东西长约 204 km,南北宽约 116 km,总面积 9 983 km²。东以零河和灞源山地为界,西以太白山地及青化黄土台塬为界,南至北秦岭主脊,北至渭河。辖新城、碑林、莲湖、灞桥、未央、雁塔城六区及蓝田、周至等六县区。其中城六区为本文研究区域。近年来,随着城市化进程的加快,城市人口急剧增加,2013 年西安市区六区人口为 795.98 万人,GDP 达到 4366.10 亿元。全社会固定资产投资额为 4243.43 亿元。

3　数据来源与预处理

研究区采用的遥感数据包括:1988 年、2000 年及 2014 年 Landsat TM 数据,西安市城六区行政边界矢量图。利用 ERDAS 遥感图像处理软件,对原始图像进行辐射校正及几何校正预处理,平均误差不超过 1 个像元,数据分析利用 Arcgis9.3。

4　研究方法

4.1　归一化差值不透水面指数法(NDISI)

归一化差值不透水面指数(NDISI)是通过在遥感数据多光谱波段内找出不透水面的最强辐射波段和最弱反射波段,将两者相除,利用归一化比值运算方法扩大辐射较强波段和反射较弱波段二者的差距,以此增强不透水面信息[8]。为了剔除水体信息,引用改进型归一化水体指数(modified normalized difference water index,MNDWI) 加入 NDISI 指数的弱反射波段[7],即

$$NDISI = \frac{TIR - (MNDWI + NIR + MIR)/3}{TIR + (MNDWI + NIR + MIR)/3} \tag{1}$$

式中 NIR,MIR 和 TIR 分别为 TM 图像的近红外、中红外和热红外波段的反射辐射值。对应 TM 传感器,NIR 为第 4 波段,MIR 为第 5 波段,TIR 为第 6 波段。

归一化水体指数(MNDWI)的计算公式为:$MNDWI=(G-MIR)/(G+MIR)$ 　　　(2)

式中 G 为绿光波段的反射值,对应 TM 传感器的第 2 波段。NDISI 指数被默认为大于 0 的地物信息为被增强的不透水面,而小于或等于 0 的地物信息为背景地物信息[8]。

4.2　归一化植被指数(NDVI)

归一化植被指数(NDVI)是遥感中监测植被覆盖度和生态指标最常用的方法。

$$NDVI = \frac{NIR - R}{NIR + R} \tag{3}$$

NIR 和 R 为影像的近红外和红光波段的反射率,对应 TM 传感器,NIR 为第 4 波段,R 为第 3 波段。

4.3 景观格局指数

本研究分别选取周长-面积分维数(PAFRAC)及聚集度(AI)对研究区不透水面与植被覆盖度的空间时间变化特征及分布特征进行分析。景观格局指数能从不同角度评价城市景观格局,周长-面积分维数(PAFRAC)表征地表覆被的斑块形状,聚集度(AI)表征不透水面比例与植被覆盖度的空间配置情况。各指数计算方法详见参考文献[10,11]。

4.4 空间自相关分析

本文选取适用于连续变量的 Moran-I 指数,空间自相关系数是衡量生态学中某一变量的空间分布特征及其相邻的影响程度[12]。

$$I = \frac{n \sum\limits_{a=1}^{z} \sum\limits_{b=1}^{n} w_{ab}(x_a - \overline{x})(x_b - \overline{x})}{\sum\limits_{a=1}^{z} \sum\limits_{b=1}^{n} w_{ab} \sum\limits_{a=1}^{n}(x_b - \overline{x})^2} \tag{4}$$

式中 x_a 和 x_b 是变量 x 在相邻配对空间(或栅格)的取值,$\overline{x}$ 是变量的平均值,w_{ab} 是相邻权重(相邻取值为 1,不相邻则为 0),n 为像元总数。Moran-I 系数取值在 $-1 \sim 1$ 之间,小于 0 表示负相关,等于 0 表示不相关,大于 0 表示正相关。

5 结果与讨论

5.1 不透水面比例与植被覆盖的空间分布特征

本文将不透水面比例与植被覆盖度进行分级,根据西安市不透水面比例的分布情况,并结合前人研究等[5],将西安市不透水面比例与植被覆盖度分为 6 个等级(表 1)。

表 1 地表覆被指数等级划分

等级	无覆盖	极低覆盖	低覆盖	中等覆盖	高覆盖	极高覆盖
不透水面比例	0~0.10	0.10~0.25	0.25~0.40	0.40~0.65	0.65~0.85	0.85~1.00
植被覆盖度	0~0.10	0.10~0.25	0.25~0.40	0.40~0.65	0.65~0.85	0.85~1.00

表 2 1988—2014 年西安市不透水面比例与植被覆盖度等级变化

等级	不透水面盖度所占比例(%)			植被覆盖度所占比例(%)		
	1988 年	2000 年	2014 年	1988 年	2000 年	2014 年
无覆盖	1.4	0.2	0.3	0.0	0.0	0.0
极低覆盖	29.7	0.6	0.9	0.0	0.2	11.2
低覆盖	29.1	10.6	10.3	0.3	27.6	50.7
中覆盖	21.0	24.5	11.9	35.8	67.0	32.9
高覆盖	18.4	20.3	24.9	61.5	5.0	4.9
极高覆盖	0.1	0.1	4.0	2.4	0.2	0.3

不透水面比例与植被覆盖度等级空间分布如图 1、图 2。1988—2014 年西安市不透水面比例等级分布变化十分明显,各等级不透水面比例随时间的变化均有不同程度的变化:高盖度等级的不透水表面迅速增加;中盖度等级的不透水表面则先增加后减少;低盖度以下等级的不透水面比例持续减少;1988—2014 年西安市植被覆盖度等级变化十分显著,中覆盖植被覆盖度先增加后减少,高覆盖及以上等级均持续减少,低覆盖及以下等级均持续增加(表 2)。无覆

盖不透水面在 1988—2014 年减少了 1.1%,极低覆盖大幅减少到 0.9%,高覆盖等级所占比例增加速度极快,增加了 6.5%,极高覆盖增加了 3.9%;低覆盖等级的大幅减少及高覆盖等级的迅猛增加使得地表覆盖类型趋于单一化。1988 年不透水表面比例在低覆盖等级以下的比例占总面积比例的 60.23%,2014 年下降至 11.40%,下降速度极其迅猛,年均下降了 3.80%,与此同时 1988 年不透水面比例等级在高覆盖以上等级的面积比例为 18.50%,2014 年达到28.90%,年均增速达到 0.3%,不透水面比例已由 1988 年以低覆盖为主,变成了以高覆盖分布为主;这是城市化建设过程中,以植被为主的土地利用类型如农田、城市绿地等快速地转变为各类建设用地;新城区作为城市的核心地区,自 1988 年以来一直保持着高密度建设,但因城区面积有限,高覆盖等级所占比例不升反降。雁塔、灞桥及未央区,作为早期的城乡结合部,在城市扩建过程中兴建许多新的城市功能区及一系列工业园区,这些基础的城市建设,推动了高盖度等级及以上等级的不透水表面增长,未央区作为改革开放至今西安变化最大的郊区,在研究期内不透水面比例增长 10%～20%,有些区域甚至增长达 30% 以上,高覆盖等级所占比例增长了 19.0%,极高覆盖等级增长了 11.87%,年均增速分别达到 0.7% 和 0.4%(图 1)。西安市植被覆盖度等级在研究期内由高覆盖等级转变为低覆盖等级。1988 年西安市植被覆盖度均值为 62.50%,2014 年植被覆盖度均值 35.27%,1988 年西安市植被覆盖度等级以中等覆盖和高等覆盖为主,高覆盖占 61.52%,中覆盖占 35.80%,低覆盖等级仅占 0.3%,年均减少了 1.9%,2014 年高等覆盖仅占总面积的 0.3%,27 年间高覆盖减少了 35.50%;2014 年植被覆盖度主要覆盖等级为低覆盖,占总面积的 50.70%,以未央区为例,如图 2 所示:未央区 2014年与 1988 年植被覆盖度主要差值集中在－46%～－35%,研究期内西安市植被覆盖度均大幅下降,随着城市化进程的加快,西安市城市建设用地迅速增加,城市地表覆被快速改变,自然地表类型迅速减少,取而代之的是各类城市建设用地类型。

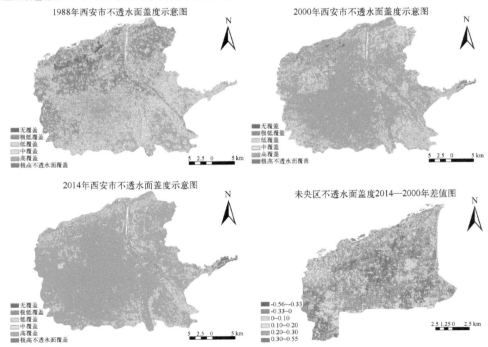

图 1　西安市不透水面盖度等级图

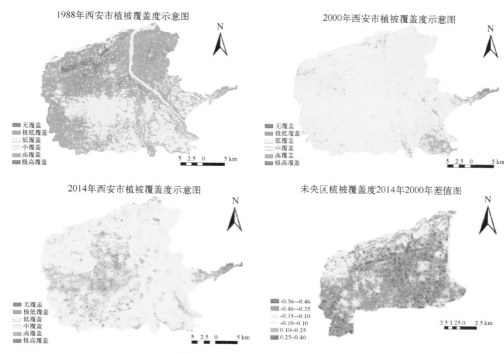

图2　西安市植被覆盖度等级图

5.2　不透水面与植被覆盖的景观格局分析

应用景观格局指数周长-面积分维数(PAFRAC)及聚集度(AI)对2014年研究区分区不透水面比例与植被覆盖度等级的景观格局指数进行分析(图3、图4)。

图3　不透水面比例与植被覆盖度分形维数

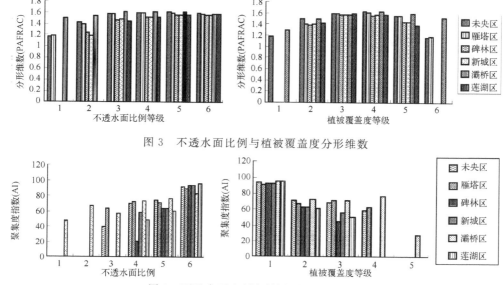

图4　不透水面比例与植被覆盖度聚集度

从地表覆被各个等级来看,不透水表面比例和植被覆盖度的分维数分布在1.30~1.65之间,斑块形态均较为复杂,在城市高度建设的进程中,高覆盖不透水面等级下形状较为复杂,高

　　　　　2015年卫星遥感应用技术交流论文集

覆盖的植被覆盖度具有较低的分维数,高植被覆盖区域形状简单,地表类型单一。

聚集度指数随着不透水面比例等级的增加而呈增加趋势,不透水面等级越低聚集度越低,而植被覆盖度的聚集度指数与不透水面的聚集度指数趋势相反,随着覆盖等级的增加,聚集度指数越来越低。

对西安市城六区的地表覆被景观格局指数进行比较分析,其特点如下:碑林区、新城区及莲湖区不透水面比例在无覆盖及极低覆盖等级下分维数极小,随着覆盖等级的升高,各区的分维数均增高,在高覆盖等级下,灞桥区、雁塔区及未央区分维数略大于其他三区;植被覆盖各区在不同等级下分维数均呈现增加后降低的趋势,灞桥区的分维数在较高等级下较高。

除灞桥区外不透水面低等级及以下等级聚集度指数均极低,随着覆盖等级的升高,各区的聚集度指数均增加,高等级不透水面比例下,碑林、莲湖及新城聚集度指数最高,其余等级下,灞桥区、未央区及雁塔区聚集度指数较其他三区高,在空间上呈现较聚集分布;植被覆盖度则显现相反趋势,低覆盖等级聚集度较高,分布较聚集,高覆盖等级下灞桥区、未央区及雁塔区聚集度降低,说明这三个区在高覆盖等级下植被覆盖较分散。

5.3 不透水面的空间自相关特征

应用归一化差值不透水面指数法得到的不透水面比例与植被覆盖度均是空间连续变量,可宏观分析城市景观格局改变且更符合实际景观的异质特征[13]。本文应用 Moran-I 指数,对不透水面进行空间自相关分析,得以定量量度地表覆被特征在空间尺度上的依赖关系。应用 Moran-I 指数结果表明(图5):1988年、2000年及2014年西安市不透水表面 Moran-I 指数分别为 0.89、0.97、0.91,均表现出很强的空间正相关。1988—2014年,西安市不透水面空间自相关指数表现为从分散到聚集又到分散的过程。空间自相关结果表明:1988—2000年,不透水面为从分散到聚集,空间依赖程度变强,1988年西安市城市化水平相对较低,而在2000年,随着改革开放后的第一个建设高潮,西安市城市建设初具规模,城市中心地区开始聚集,城三区为西安市的主要城市聚集地区;2000—2014年西安市经历了由聚集到分散的过程,不透水面空间自相关指数略有降低,此研究期城市建设用地迅速增加,西安市建成区面积增大形成了许多个城市中心,因此西安市不透水面整体的空间依赖性在此阶段会降低。分区比较表明,西安市各区1988年 Moran-I 指数均值为0.89,新城区 Moran-I 指数为0.92,新城区不透水面空间自相关聚集性最强,不透水面分布较为集中;2000年各个区 Moran-I 指数均极高,不透水面空间自相关显示出极强的聚集性;2014年灞桥区 Moran-I 指数下降较多,不透水面空间依赖性较差,较其他区不透水面分布形态较松散,这与灞桥区的地形有关,灞桥区面积较大,城市建设形成了多个集中的地区,因此降低了灞桥区的空间聚集程度。

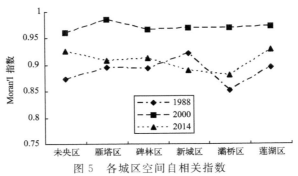

图5　各城区空间自相关指数

6 结论

应用归一化差值不透水面指数(NDISI)和归一化植被指数(NDVI)对西安市 1988 年、2000 年及 2014 年不透水面比例及植被覆盖度时空分异特征进行了分析,得出以下主要结论:

(1)1988—2014 年西安市不透水面比例等级分布变化十分明显,各等级不透水面比例随时间的变化均有不同程度的变化:不透水面比例在高盖度等级下迅速的增加;中盖度等级则表现为先增加后减少;低盖度及以下等级的不透水面比例持续减少;植被覆盖度由高覆盖为主要等级转变为低覆盖为主要等级,其主要变化特征为中覆盖植被覆盖度先增加后减少,高覆盖及以上等级均持续减少,低覆盖及以下等级均持续增加。随着城市化进程的加快,西安市城市建设用地迅速增加,城市地表覆被快速改变,自然地表类型迅速减少,取而代之的是各类城市建设用地类型。

(2)分维数及聚集度的变化表明,不透水表面和植被覆盖的分维数平均在 1.30～1.65 之间,斑块形态均较为复杂,高覆盖的不透水面比例具有较高分维数,高覆盖植被覆盖等级具有较低的分维数;不透水面比例聚集度指数随着等级的增加而呈增加趋势,植被覆盖度的聚集度指数与不透水面的聚集度指数趋势相反。

(3)1988 年、2000 年及 2014 年不透水面在空间上均显示出较强的空间自相关特性,1988—2014 年,西安市不透水面空间自相关指数表现为从分散到聚集又到分散的过程。新城、碑林及莲湖区由于建设用地的限制,空间自相关性更强,景观较为聚集,未央、雁塔及灞桥区作为新城区,不透水面空间依赖性较差。

参考文献

[1] Ji W, Ma J, Twibell R W, *et al*. Characterizing urban sprawl using multi-stage remote sensing images and landscape metrics. *Computers, Environment and Urban Systems*, 2006, **30**(6):861-879.

[2] 潘竟虎,李晓雪,冯兆东.基于 V—I—AP 模型的兰州市不透水面与植被盖度时空格局分析.资源科学,2010,**32**(3):520-527.

[3] 杨勇,任志远.基于 GIS 的西安市城镇建设用地扩展研究.遥感技术与应用,2009,**24**(1):46-51.

[4] Owen T W, Carlson T N, Gillies R R. Assessment of satellite remotely-sensed land cover parameters in quantitatively describing the climare effect of urbanization. *International Journal of Remote Sensing*, 1998, **19**(9):1663-1681.

[5] 刘珍环,王仰麟,彭建.深圳市不透水表面的遥感监测与时空格局.地理研究,2012,**31**(8):1535-1545.

[6] 刘纪远,邓祥征.LUCC 时空过程研究的方法进展.科学通报,2009,**54**(21):3251-3258.

[7] 周存林,徐涵秋.福州城区不透水面的光谱混合分析与识别制图.中国图像图形学报,2007,**12**(5):875-881.

[8] 李玮娜,杨建生,李晓等.基于 TM 图像的城市不透水面信息提取.国土资源遥感,2013,**25**(1):66-70.

[9] 刘珍环,王仰麟,彭建等.基于不透水表面指数的城市地表覆被格局特征——以深圳市为例.地理学报,2011,**66**(7):961-971.

[10] 王涛,杨强.基于 RS 和 GIS 的城市扩展特征及驱动机制差异性分析——以南通地区为例.遥感技术与应用,2011,**26**(3):365-374.

[11] 李猷,王仰麟,彭建等.基于景观生态的城市土地开发适宜性评价.生态学报,2010,**30**(8):2141-2150.

[12] 邬建国.景观生态学:格局、过程、尺度与等级.2 版.北京:高等教育出版社,2007,58-102.

[13] 谢苗苗,王仰麟,李贵才.基于亚像元分解的不透水表面与植被覆盖空间分异测度.资源科学,2009,**31**(2):257-264.

基于观测和遥感的国家级气象台站热环境研究[①]

石　涛[②]1,2　　杨元建[③]2　　汪腊宝[2]　　李煜斌[3]　　马　菊[1]

(1. 芜湖市气象局,芜湖 241000;2. 安徽省气象科学研究所,
安徽省大气科学与卫星遥感重点实验室,合肥 230031;
3. 南京信息工程大学应用气象学院,南京 210044)

摘　要:本文以安徽的国家级气象台站为研究对象,发现城市台站的气温及其增温率明显高于参考台站,部分台站区域代表性受到了城市化较大的影响。然后利用多时相的遥感数据对土地利用类型(LUT)和地表温度(LST)进行了精细解译和反演,得知城建用地是影响台站周围热环境分布的主体。此外,台站搬迁对气象台站热环境的改变有重要的影响。因此,控制台站周边的城建用地的规模和布局是改善台站热环境以及提高台站观测的区域代表性的重要举措。

关键词:城市化;气温;地表温度;土地利用;热环境

1　引言

气象观测热环境是指为避开各种干扰,保证气象观测台站的设施准确获得温度信息所必需的最小距离构成的环境空间[1]。气温和地表温度是表征热环境的两个重要指标。近年来,随着城市化进程不断发展,许多原先位于城市郊区、城乡结合部的观测场,逐渐"进城"甚至处于城市的中心,加上观测场四周建筑物的不断增多,气象观测热环境已经发生了较大变化[2~8]。

气象观测热环境对观测数据的准确性、代表性、均一性有直接影响[1,8~11]。已有的气象台站热环境变化研究多以气温的为研究对象。例如,刘勇[1]等利用台站气温累年资料,针对气象观测环境基本没有变化和已经发生变化这两类台站气温序列的差异性进行了研究。任国玉[2]等利用我国全部气象观测站网的台站信息,对地面气温资料序列质量进行了系统评价。杨元建等[8,12,13]利用气温结合高分辨卫星遥感资料,深入研究了城市化进程、气象探测环境改变以及台站搬迁对气温及其序列均一性的影响程度。对于地表温度(LST)来说,已有的工作多是利用遥感资料来研究城市热岛效应为代表的热环境分布[14~21],而专门针对以地表温度表征的气象台站热环境的定性和定量分析的研究还比较缺乏[22]。

鉴于此,本文以国家级气象台站为研究对象,利用累年的气象台站观测资料和多时相的遥感影像数据,对台站周围缓冲区的热环境进行了定性和定量的研究,旨在为国家级气象台站观测环境的保护提供参考依据。

　①　资助项目:国家自然科学基金项目(41205126),公益性行业(气象)科研专项(GYHY201106049),安徽省气象科技发展基金(KM201520)
　②　作者简介:石涛(1987—),男,硕士,主要从事卫星遥感与气候环境变化研究,E-mail:stahau1987@163.com
　③　通信作者:E-mail:yyj1985@mail.ustc.edu.cn

2 资料与方法

2.1 资料来源及预处理

本文的研究资料采用的是气象台站（1970—2010 年）的历史气温资料。同时选取 LANDSAT 卫星的 TM 遥感影像（1990 年、2000 年、2010 年），为保证不同年份的下垫面类型一致并处在同一季节，本文最终选择的遥感资料的时段主要在 9—11 月之间，是因为秋季的天气系统较为稳定，主要受大尺度环流影响。用 1∶5 万地理信息数据对 TM 影像数据进行定标、配准和投影转换等预处理。将影像的 4、3、2 波段组合成假彩色图以便进行土地利用分类，采用分类精度较高的目视解译对 TM 影像进行解译。将研究区域分为 3 类：植被（耕地、林地、草地等）、水体（湖泊、河流、坑塘）、城建（城镇居民、工业、交通、建设等）。台站缓冲区内的 LST 反演和热贡献度指数计算参见石涛等[18~21]的方法。

2.2 台站分类方法

在杨元建的前期研究中[5,8,13]，根据台站周围的人口资料、台站的地理位置及搬迁历史、其气温变化率，将安徽的台站划分为城市站、乡村站，用以研究城市热岛强度变化对安徽省气温序列的影响。具体选取方法如下：（1）根据安徽的实际情况，把台站所在居民点的固定人口在 10 万以上和台站周围 2 km 建成区面积大于 50% 的作为城市站，把台站所在居民点的固定人口在 10 万以下和台站周围 2 km 建成区面积小于 25% 的作为参考站。（2）城市站是指观测站点位于城市环境内，参考站是指观测站点远离城市，同时应满足选取台站的搬迁次数尽量少。（3）参考站的增温率应明显小于周边站点，而城市站的增温率则反之。根据以上标准，本文选取的城市台站和参考台站具体标注在 TM4/3/2 波段组合的安徽影像图上（图 1）。

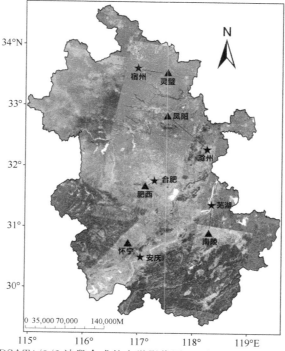

图 1　LANDSAT4/3/2 波段合成的安徽影像图（★为城市台站▲为参考台站）

2.3 LST 的归一化

由于本文涉及的遥感资料为不同时相的 TM 数据,同时为凸显只因下垫面的年代际改变并排除不同天气背景下变化对热环境分布格局的影响,我们对 LST 进行了归一化处理,经过归一化指数运算之后,所有的地温数据都将归一至 0~1 之间,具体计算如下:

$$I_i = \frac{T_i - T_{\min}}{T_{\max} - T_{\min}} \tag{1}$$

I_i 为遥感影像第 i 个象元的地表温度归一化指数,T_i 为遥感影像第 i 个象元的地表温度,$T_{\max}$、$T_{\min}$ 分别为每一景遥感影像的最大值和最小值。

之后,根据得到的 LST 归一化指数的大小,采用 ArcGIS 默认的 Natural Breaks 方法进行热环境分级。该方法根据 LST 统计值来分类,使得类内差异最小,类间差异最大,共分为5类:

表 1　热环境划分等级

等级	地温归一化指数	热环境等级
1	[0,0.277)	低温区
2	[0.277,0.412)	亚低温区
3	[0.412,0.523)	中温区
4	[0.523,0.644)	亚高温区
5	[0.644,1]	高温区

3　结果与分析

3.1　台站气温序对比分析

3.1.1　趋势比较

图 2 可知,城市台站与参考台站的气温随时间变化均为上升趋势,增温速率分别为 0.49℃/10a 和 0.23℃/10a(a)、0.51℃/10a 和 0.22℃/10a(b)、0.47℃/10a 和 0.25℃/10a(c)、0.39℃/10a 和 0.24℃/10a(d)、0.43℃/10a 和 0.24℃/10a(e),城市台站气温的上升速率明显快于参考台站。两者的趋势线偏差逐渐增大,逐年变化曲线也发生偏离,尤其 20 世纪 90 年代初以来,城市台站气温变化速率明显加快,气温的区域代表性越来越差。

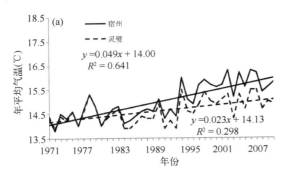
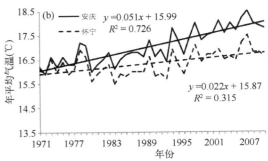

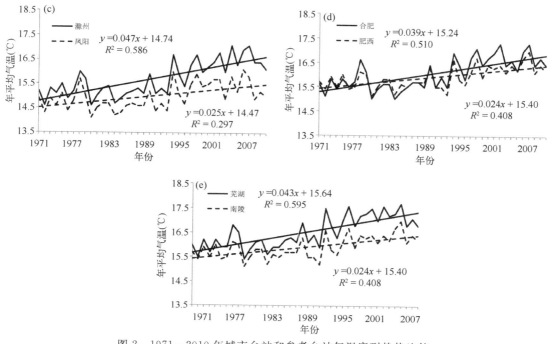

图 2　1971—2010 年城市台站和参考台站气温序列趋势比较

3.1.2　差值比较

计算宿州与灵璧、安庆与怀宁、滁州与凤阳、合肥与肥西、芜湖与南陵的年气温序列的平均差值(图 3),比较分析结果如下:近 40 年来,除了个别早期年份,5 个城市台站观测到的气温都比其周围的参考台站高,在 0~1.5℃之间波动。根据表可知,本文选取的城市台站与其参考台站的地理位置、海拔高度相同,排除了受不同中尺度气候波动的影响,说明城市台站的区域观测代表性受到了城市化的影响。

通过对各台站的每 10 年气温序列的平均差值(图略)发现,五个城市台站与其参考台站的温差在 20 世纪 90 年代都呈现出大幅增长的趋势,与 20 世纪 80 年代相比分别增长了 0.32℃、0.24℃、0.13℃、0.47℃、0.41℃,宿州、安庆、滁州在 21 世纪 00 年代延续了这种趋势,这与城市的发展轨迹是一致的,安徽在 20 世纪 90 年代、21 世纪 00 年代正是城市化进程最为迅猛的阶段。但是芜湖台站与参考台站的温差在 21 世纪 00 年代基本持平,只比 20 世纪 90 年代增长了 0.02℃,明显低于之前的增幅,而合肥台站与参考台站的温差在 20 世纪 80 年代、21 世纪 00 年代甚至两次出现了下降,这明显与城市化发展的规律相悖。同样,排除了中尺度气候波动的影响,说明芜湖台站在 21 世纪 00 年代以及合肥台站在 20 世纪 80 年代、21 世纪 00 年代的区域一致性发生过突变。图 3 表明,芜湖台站在 2005 年之后、合肥台站在 1979 年、2004 年之后,与参考台站的温差突然降低。通过查看台站历史沿革发现,芜湖台站在 2005 年、合肥台站在 1979 年、2004 年分别经历台站搬迁,由原来的城区搬到了远离城市的郊区。综上,由此说明城市化程度是影响台站区域一致性和代表性的重要因素,台站搬迁对气温序列的均一性、连续性具有显著的影响。

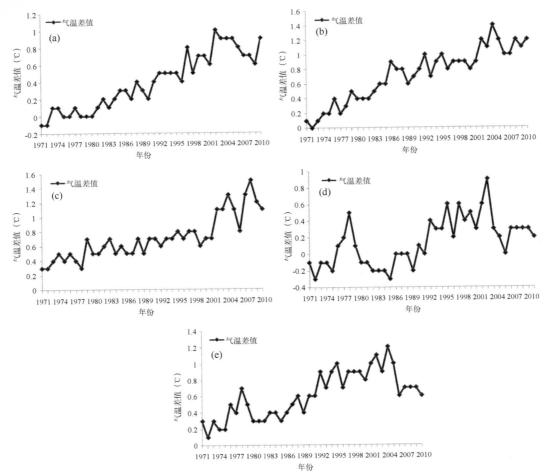

图 3　城市台站与参考台站历年气温序列的差值变化图

其中(a)宿州与灵璧、(b)安庆与怀宁、(c)滁州与凤阳、(d)合肥与肥西、(e)芜湖与南陵

3.2　台站 2 km 缓冲区土地利用类型和热环境的时空演变

有研究表明,不同地表类型下垫面物质的热容量、热传导率、热惯量等热学性质不同使得地表温度的数值和变化速率存在差异,而地表温度的差异将直接影响近地表空气温度的变化趋势[23,24]。因此本节通过台站周围缓冲区地温的时空演变,并结合上文台站观测气温的变化特点,来综合反映台站周围热环境所受到城市化的影响。

图 4、图 5 为城市台站周围 2 km 缓冲区的土地利用类型和热环境空间分布(参考台站的变化很小,这里就不再给出),可以看出,宿州、安庆、滁州台站周围 2 km 缓冲区内植被和水体的面积在 1990 年、2000 年、2010 年间不断减少,亚低温区和低温区也大幅削减;而城建面积在近 30 年间不断增多,高温区和亚高温区的面积也大幅增长,三地城建所对应的热环境效应指数(表 2)分别为 65.47%、54.20%、48.50%(1990 年);80.96%、71.37%、50.66%(2000 年);89.81%、80.17%、61.32%(2010 年),都呈显著的增加趋势,并且,这与图 2、图 3 所反映的台站观测气温的变化趋势相同。由此可知,城建用地是影响宿州、安庆、滁州台站周围缓冲区热环境分布的主体,且近 30 年来呈显著的增加趋势。

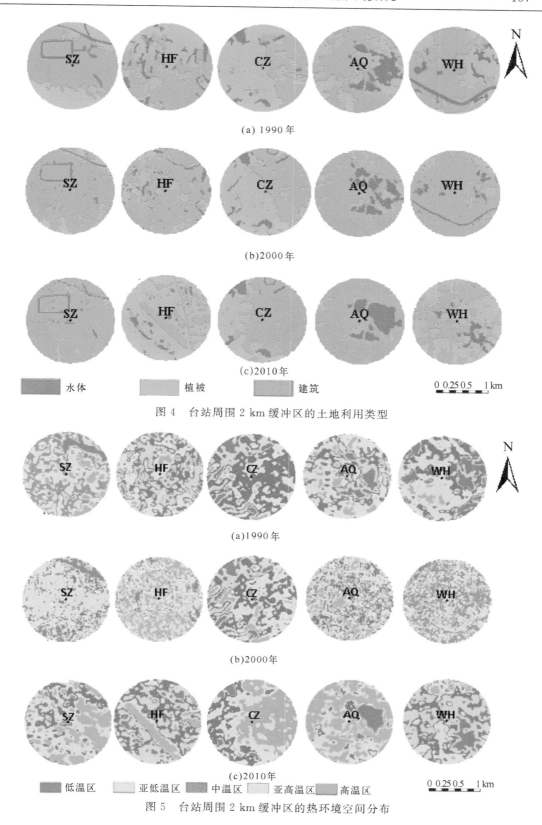

图 4　台站周围 2 km 缓冲区的土地利用类型

图 5　台站周围 2 km 缓冲区的热环境空间分布

合肥和芜湖台站周围2 km缓冲区内不同土地利用类型面积和热环境空间分布的时空演变以及热环境效应指数在1990年、2000年的变化趋势与宿州、安庆、滁州相同,但由于两者在2000年之后都经历了搬迁,台站由市区搬到了城郊,不同土地利用类型面积和热环境空间分布都发生了突变,植被、水体、低温区、亚低温区面积比例大幅增加,城建、高温区、亚高温区面积比例大幅减小,两地城建所对应的热环境效应指数分别为69.72%、79.04%(2000年);21.90%、29.97%(2010年),都呈显著的降低趋势,同样,这与图2、图3所反映的台站观测气温的变化趋势相同。由此可知,城建用地是影响合肥和芜湖台站周围缓冲区热环境分布的主体。且由于台站搬迁而使两地的热环境与参考台站的一致性在不同程度上得到了恢复,其观测的大环境代表性也得到了大幅提高。

综上可见,城建用地是影响台站周围缓冲区热环境分布的主体,随着城市化的推进,城建用地对台站热环境的贡献不断增大,因此,控制台站周边的城建用地的规模和布局是改善台站观测热环境提高其观测环境的区域代表性的有力保障。

表2　不同土地利用类型对台站的热环境贡献度指数

H_i	宿州			安庆			滁州		
	1990	2000	2010	1990	2000	2010	1990	2000	2010
城建	65.47%	80.96%	89.81%	54.20%	71.37%	80.17%	48.50%	50.66%	61.32%
植被	28.94%	12.94%	5.48%	32.30%	14.42%	13.05%	46.08%	42.88%	33.18%
水体	5.59%	6.10%	4.71%	13.50%	14.21%	6.78%	5.42%	6.46%	5.50%

H_i	合肥			芜湖		
	1990	2000	2010	1990	2000	2010
城建	50.60%	69.72%	21.90%	63.32%	79.04%	29.97%
植被	40.50%	22.59%	73.70%	26.38%	13.22%	64.45%
水体	8.90%	7.69%	4.40%	10.30%	7.74%	5.58%

4　结论与讨论

本文以安徽的国家级气象台站为例,选取了合肥、芜湖、安庆、宿州、滁州作为观测环境受到城市化影响较大的城市台站,同时选取了肥西、南陵、怀宁、灵璧、凤阳作为观测环境保护的较好的参考台站,通过观测和遥感资料相结合的手段对其观测热环境进行了定性和定量的研究:城市台站的气温及增温速率明显高于参考台站,热岛效应明显。城市台站的观测数据的区域代表性受到城市化较大的影响。城建用地是影响台站周围缓冲区热环境分布的主体,随着城市化的推进,城建用地对台站热环境的贡献不断增大。此外,台站搬迁对气象台站热环境的改变有重要的影响,虽然改善了地表温度表征的热环境,提高了观测环境的区域代表性,但是破坏了气温序列的均一性、连续性。因此,控制台站周边的城建用地的规模和布局是改善台站热环境以及提高台站观测的区域代表性的重要举措。

综上可见,本文利用台站观测资料和高分辨卫星遥感资料对气象观测热环境进行监测和评估是可行的。下一步将研究揭示气象台站不同缓冲区内的土地利用和热环境的动态变化特征,同时辅之气象台站的气温序列均一性、区域代表性并结合台站历史沿革等资料分析,从而最终建立气象观测热环境代表性的评估方法,并推广应用于气象常规观测资料的均一性检验、台站站址变动分析、城市热岛研究以及参考气候台站网选取和建设中。

参考文献

[1] 刘勇,王东勇,田红,等.气象观测环境的变化对气温序列的影响分析.气象科学,2006,**26**(4):436-441.

[2] 任国玉,张爱英,初子莹,等.我国地面气温参考站点遴选的依据、原则和方法.气象科技,2010,**38**(11):78-85.

[3] 赵宗慈.近39年中国的气温变化与城市化影响.气象,1991,**17**(4):14-16.

[4] 陈正洪,王海军,任国玉.湖北省城市热岛强度变化对区域气温序列的影响.气候与环境研究,2005,**10**(4):771-779.

[5] 石涛,杨元建,蒋跃林,等.城市热岛强度变化对安徽省气温序列的影响.气候与环境研究,2011,**16**(6):779-788

[6] 白虎志,任国玉.城市热岛效应对甘肃省气温序列的影响.高原气象,2006,**25**(1):91-94.

[7] 华丽娟,马柱国,曾昭美.中国东部地区大城市和小城镇极端气温及日较差变化对比分析.大气科学,2006,**30**(1):80—92.

[8] 杨元建,石涛,唐为安,等.气象台站环境的卫星遥感调查与评估——以安徽代表气象站为例.遥感技术与应用,2011a,**26**(6):791-797.

[9] 李艳红,赵彩萍,李玉琴,等.太原城市化进程对城市热岛的影响.气象科技,2013,**41**(2):360-364.

[10] 陈贵川,卞林根,李平,等.国家气候观象台建设观测环境问题.气象科技,2008,**36**(2):244-248.

[11] 吴利红,康丽莉,陈海燕,等.地面气象站环境变化对气温序列均一性影响.气象科技,2007,**35**(1):152-156.

[12] 杨元建,石涛,荀尚培,等.基于遥感资料研究合肥城市化对气温的影响.气象,2011,**37**(11):1423-1430.

[13] Yang Y J, Wu B W, Shi C E, *et al*. Impacts of Urbanization and Station—relocation on Surface Air Temperature Series in Anhui Province. China. *Pure and Applied Geophysics*. 2013,**170**(11):1969—1983,DOI 10.1007/s00024-012-0619-9.

[14] 石涛,杨元建,马菊,等.基于 MODIS 的安徽省代表城市热岛效应时空特征研究.应用气象学报,2013,**24**(4):484-494.

[15] 张佳华,侯英雨,李贵才,等.北京城市及周边热岛日变化及季节特征的分析.中国科学,2005,**35**(增刊 I):187-194.

[16] Zhang J H, Hou Y Y, Li G C, *et al*. A study on daily and seasonal change of urban heat island of Beijing based on satellite remote sensing. *Science in China Ser. D. Earth Sciences*, 2005,**35**(supplement) I:187-194.

[17] 陈辉,古琳,黎燕琼.成都市城市森林格局与热岛效应的关系.生态学报,2009,**29**(9):4865-4874.

[18] Weng Q. Fractal analysis of satellite-detected urban heat island effect. *Photographmetric Engineering & Remote Sensing*, 2009,**69**(5):555-565.

[19] 岳文泽,徐丽华.城市土地利用类型及格局的热环境效应研究——以上海市中心城区为例.地理科学,2007,**27**(2):243-248.

[20] 石涛,杨元建,张爱民,等.基于 TM 和 GIS 的合肥市热环境研究.遥感技术与应用,2011,**26**(2):156-162.

[21] 谢苗苗,周伟,王仰麟,等.城市土地利用的热环境效应研究——以宁波城区为例.北京大学学报(自然科学版),2008,**44**(5):815-821.

[22] Ren Y Y, Ren G Y. A Remote-Sensing Method of Selecting Reference Stations for Evaluating Urbanization Effect on Surface Air Temperature Trends. *Journal of Climate*,2011,**24**,3179-3189.

[23] 王修信,秦丽梅,梁维刚.城市不同地表类型地表温度与空气温湿度的观测.广西物理,2009,**30**(4):5-7.

[24] 周青,赵风生,高文华.NCEP/NCAR 逐时分析与中国实测地表温度和地面气温对比分析.气象,2008,**34**(2):83-91.

基于遥感和 GIS 的青藏高原牧区雪灾预警研究

王　玮[1]　梁天刚[2]　黄晓东[2]　冯琦胜[2]

刘兴元[2]　张仁平[2]　郭　铌[①][1]

(1. 中国气象局兰州干旱气象研究所;中国气象局干旱气候变化与减灾重点开放实验室,兰州 730020;
2. 草地农业系统国家重点实验室;兰州大学草地农业科技学院,兰州 730020)

摘　要:开展牧区雪灾预警和风险评估,对减少雪灾损失,保障草地畜牧业的可持续发展具有重要意义。以青藏高原 201 个县级行政单元为研究区,利用 GIS (Geographic Information System)和 PCA (Principle Component Analysis)等分析方法,依据青藏高原地区 2001—2010 年 MODIS 及 AMSR-E 遥感资料和近 50 年(1951—2010 年)草地、积雪、气象、畜牧、社会经济等动态监测数据库,以及研究区发生的典型雪灾案例资料,研究了青藏高原地区雪灾预警方法。研究结果表明:(1)影响青藏高原牧区雪灾发生的关键因子有 7 项,依次为年雪灾概率、积雪覆盖天数、载畜力、日均温＜-10℃的低温天数、草地掩埋指数、草地积雪覆盖率及畜均 GDP。其中,畜均 GDP 为抗灾因子,其余 6 项为致灾因子。(2)依据受灾程度及积雪对放牧牲畜采食影响情况,本项研究构建出一种区域雪灾危害等级预警模型,制定出青藏高原地区雪灾预警分级标准,将雪灾危害程度划分为无雪灾、轻度雪灾、中度雪灾、严重雪灾和特大雪灾 5 级;并提出一种基于格网单元的雪灾风险评价方法,将雪灾风险强度划分为轻度、中度、重度 3 级。(3)根据青藏高原近 3 年(2008—2010 年)积雪季(10—12 月和翌年 1—3 月)各县(市)旬雪灾危害等级预警反演结果,雪灾危害等级预警模型总精度可达 85.64%。该项研究提出的雪灾预警方法,在实践中具有重要的业务化应用潜力。

关键词:遥感;雪灾预警;风险评价

1　引言

牧区雪灾预警与风险评价是积雪灾害研究的难点问题。雪灾预警涉及草地、积雪、气象、畜牧、社会经济等多种因素,其中许多要素具有很强的时空异质性,预警结果的准确性不仅与天气预报紧密相关,而且与预警区域自身孕灾环境状况及抗灾能力等复杂因素息息相关,因而结合 3S 技术和地面实时观测资料及气象预报数据,建立长时间序列的区域雪灾监测预警基础数据库及管理信息系统,动态监测牧区致灾力及孕灾环境,构建雪灾预警与风险评价模型,是实现雪灾预警系统业务化运行的前提条件。同时开展积雪灾害预警研究,对提高牧区防灾减灾能力建设,最大限度地减少牧区灾害损失,具有重要理论意义及实际应用价值。

雪灾预警与风险评价一直是灾害学研究的热点问题。特别是自 20 世纪末期以来,许多学者已在雪盖监测、雪深反演、牧区雪灾损失评估、灾后风险评价、积雪灾害区划及滑雪场雪崩灾害等方面开展了大量的研究工作[30,31,33~39,41~44,3,27]。近年来,针对牧区雪灾危害,中国制订了

---

①　通信作者:郭铌,电话:0931-4670216 转 2809,电子邮箱:guoni0531@126.com

"牧区雪灾等级"国家标准(GB/T 20482－2006)[1]。参照该标准,结合遥感和 GIS 技术,周秉荣等[22]通过监测孕灾环境内降水量的动态变化,从承灾体脆弱性的角度分析了未来雪灾可能发生的条件。刘兴元等[8]将家畜死亡率作为灾害评估因子,初步探讨了北疆牧区雪灾预警指标体系和灾害评估模型。张国胜等[24]通过对历史及调查资料的研究,从雪灾风险的角度提出青海牧区雪灾预警的指标及量化方法。Tachiiri 等[45]利用遥感数据及家畜统计资料,通过比较雪灾发生前后 NDVI、雪水当量、家畜存栏数与家畜死亡率的变化关系,对干旱内陆牧区进行雪灾灾后评估及经济损失预测。此外,Tominaga 等[46]通过结合气象数据,运用降水量预测模型和流体力学模型预测积雪分布及雪灾可能发生的区域。Nakai 等[47]从气候变化角度出发,利用气象因子(如降水量、风速、温度等)建立了雪灾预警系统,可以预测雪崩的发生,风吹雪的路径。

然而,由于大部分发达国家具有良好的草地畜牧业基础设施,虽然在冬春季也有雪灾发生,但对畜牧业的影响相对较小,其研究侧重点主要是交通、通信及雪崩等方面的雪灾风险评价与预警[48]。针对牧区雪灾的研究,目前主要侧重于对积雪时空分布演变过程的监测及灾后损失评价,而在雪灾预警模型与机制、雪灾风险评价等方面,还存在很大的不足[5,20,23],目前仍然缺乏可进行实时动态预警并开展业务化服务的相关模型及实用信息系统。

考虑以上因素,本项研究针对青藏高原牧区草地畜牧业生产与雪灾的特点,利用 3S 技术与灾害学等学科交叉的理论和方法,在动态监测青藏高原近 10 年草地积雪灾害基础上,拟开展雪灾危害预警及风险评价指标体系的研究,构建牧区雪灾预警与风险评价判别模型,结合短中期天气预报和孕灾环境等信息,建立基于 Internet 和"3S"等技术的多源信息集成雪灾风险评价与预警系统,为牧区雪灾监测、预警、风险评价和防灾减灾管理决策,提供科学依据和技术支撑。

2 材料与方法

2.1 研究区概况

青藏高原位于中国西南部,其主体部分在我国青海和西藏,平均海拔在 4000 m 以上,是世界平均海拔最高的牧区,不仅是黄河、长江和澜沧江等河流的源区,也是中国三大积雪分布中心之一。青藏高原介于 $26°00'12''\sim39°46'50''$N、$73°18'52''\sim104°46'59''$E 之间,涉及青海、新疆、西藏、甘肃、四川和云南 6 省区的 201 个县级行政区,面积为 $257.24×104$ km²,占我国陆地总面积的 26.8%[28]。高原特殊的地理、气候和自然条件孕育出了世界上独特的高寒草地,是牦牛、藏羊、珍稀野生动物的重要栖息地。然而,由于区内农牧业生产方式相对落后,基础设施较为薄弱,所以冬春季大量的降雪经常造成大批家畜因冻饿而死亡的情况,严重制约着草地畜牧业的可持续发展。据 6 省灾害大典[6,7,11,14,13,29]有记载的数据统计,1949 年以来青藏高原地区 201 个县共计发生雪灾 3228 次。如 2004 年 5 月上旬,青海省同德县发生特大雪灾,死亡家畜 57628 头;西藏那曲县 1971—2001 年 10 月—次年 5 月,共有 74 个月发生了雪灾。

2.2 研究数据及来源

2.2.1 统计资料

根据各省(自治区)及相应的地(州、市)的统计年鉴[2,9,10,17~19],搜集了 2000—2010 年青藏高原 201 个县级行政单元的人口数量、家畜情况(如年初存栏数、年末存栏数、实际载畜力等)及社会经济水平(如 GDP 等)等方面的统计数据。

2.2.2　气象观测及天气预报数据

通过中国气象科学数据共享服务网(http://cdc.cma.gov.cn/)下载了 2000—2010 年青藏高原地区 106 个气象基准站观测的日最高温度、日最低温度、日平均温度、降水量、雪深、风速等数据。

2.2.3　雪灾发生概率与雪灾案例数据

依据青藏高原各省区气象灾害大典以及统计年鉴[2,6,7,9~11,13,14,17~19,29],收集了该地区近 50 年(1951—2000 年)以来有明确记录发生时间,发生地点以及灾害损失的雪灾事件。并以县级行政区划作为基本单元,统计整理出月雪灾发生概率、冬季雪灾发生概率、春季雪灾发生概率和年雪灾发生概率。由于青藏高原地区在 9 月下旬至次年 5 月是雪灾多发时段,因此,本研究规定,9 月至次年 2 月发生的雪灾称为冬季雪灾或前冬雪灾;发生在 3—5 月的雪灾称为后冬季雪灾或春季雪灾。

同时依据近 10 年(2001—2010 年)来雪灾发生的记录状况[25],筛选出 48 次典型雪灾案例(其中青海 33 次,西藏 12 次),重点分析导致雪灾损失的主导因素,构建雪灾预警与风险评价模型。典型雪灾案例选择的基本要求为:(1)以县级行政区划为单元,所选雪灾案例具有明确的灾害发生及结束时间、家畜损失数量等资料;(2)有完整的气象、草地及畜牧业统计资料;(3)有 MODIS、AMSR-E 等遥感资料,可以对积雪覆盖范围、积雪深度、草地积雪日数进行动态监测(表 1)。

表 1　青藏高原雪灾研究案例统计结果

发生年份	发生月份	雪灾次数	发生地点	雪灾等级
2001	西藏 3、5 青海 4	3	青海同德县、西藏错那县、改则县	轻灾(3)
2002	西藏 1,青海 3	2	西藏郎县、青海同德县	轻灾(2)
2003	西藏 2	1	西藏聂拉木县	轻灾(1)
2004	西藏 2,10 青海 1、5	12	西藏错那县、索县,青海乌兰县、都兰县、德令哈市、天峻县、泽库县、河南蒙古族自治县、德令哈市、同德县、循化撒拉族自治县	轻灾(10)、中灾(2)
2005	青海 2、3、5	16	青海达日县、班玛县、兴海县、泽库县、共和县、刚察县、湟源县、大通回族土族自治县、玉树县、称多县、曲麻莱县、同德县、同仁县、天峻县	轻灾(16)
2006	西藏 3、4 青海 2、4	5	西藏聂拉木县、改则县,青海都兰县、同仁县、	轻灾(4)、特大重灾(1)
2007	青海 3	2	青海循化撒拉族自治县、德令哈县	轻灾(2)
2008	西藏 1、10	3	西藏昂仁县、察隅县、嘉黎县	轻灾(3)
2009	西藏 5	1	西藏昂仁县	轻灾(1)
2010	西藏 3、5 青海 4	3	青海同德县、西藏错那县、改则县	轻灾(3)

2.2.4 DEM 与草地遥感监测数据

收集了研究区内 90 m 空间分辨率的 DEM 数据和草地类型数据库[26]，以及根据 2005—2006 年青藏高原地区地面样方实测数据，建立的不同草地类型的平均牧草高度数据库。

2.2.5 积雪遥感监测数据

2001—2010 年青藏高原地区基于 MODIS 和 AMSR-E 资料的积雪季（10—12 月至翌年 1—3 月）逐日、5 日及旬积雪范围和深度数据库[15,16,47,48]。

已有研究表明，研究区大于 2.5 cm 的积雪深度（SD）与 Terra/AMSR-E 垂直极化方式的 18 和 36 GHz 波段的亮温差（$Tb18v - Tb36v$）之间具有较好的线性相关性[21]，其回归公式为：

$$SD = 0.30(Tb18v - Tb36v) + 3.18 \tag{1}$$

2.3 雪灾预警与风险评价方法

2.3.1 雪灾预警与风险评价因子分析

雪灾预警与风险评价主要涉及地形、草地、积雪、气象、畜牧和社会经济等方面的因素。从区域孕灾环境、致灾力及抗灾力考虑，雪灾预警与风险评价指标可分为地形与草地因子、气象因子、社会环境因子等大类。

（1）地形与草地因子：在没有积雪情况下，影响放牧家畜进行正常采食的自然因子，如草地分布、草地类型、坡度坡向、牧草产量等。以上这些因子均可以用栅格数据表示。

（2）气象因子：是指影响牧区雪灾发生的区域气候因子，主要包括：（a）雪灾发生概率；（b）卫星遥感监测的积雪深度、积雪覆盖天数、积雪覆盖率、草地积雪覆盖率（在地表水平方向反映草地被积雪覆盖的状况）、草地积雪掩埋指数（草地积雪深度与牧草高度的比值，在垂直方向反映草地被积雪掩埋的程度）；（c）依据每年自 10 月 1 日起算的积雪期气象状况，收集整理气象站观测的每日最低温度、最高温度、平均温度、降水量、雪深、风速等数据，累计分析低温小于 0 ℃、零下 10 ℃及零下 20 ℃以下的低温持续天数。

（3）家畜因子：家畜是雪灾的主要承灾体，主要包括年初存栏数、年末存栏数、实际载畜力、小家畜比例等因子。

（4）社会环境因子：主要反映当地牧区社会经济情况，主要包括：（a）人口数量、人均 GDP 或人均农牧业总收入、路网密度、居民点（县、乡、村、社）空间分布特征等指标；（b）饲料储备量、家畜棚圈率；（c）牧草生长状况，如不同草地类型的牧草产量、盖度和高度等指标，可以反映草地自身抵御灾害的能力；（d）畜均 GDP，为区域生产总值与家畜年末存栏数的比值，可综合反映区域社会经济发展的总体状况与家畜数量之间的关系，体现区域综合抗灾能力的大小。

2.3.2 雪灾预警因子选取

（1）因子相关性选取

雪灾预警主要研究某一区域在未来某时段内由大量积雪可能引发的雪灾危害程度或危害等级。本研究依据 45 次典型雪灾案例，以县级行政区划为基本单元，建立雪灾期间与孕灾环境、抗灾力、致灾力及雪灾危害程度相关的数据库，包括低温持续天数、家畜数量等 20 项指标（表 2）。为了确定雪灾导致的家畜死亡数与这 20 项指标之间的相关关系，本研究采用 Pearson 相关分析方法[32]进行统计分析。

（2）雪灾预警关键因子主成分分析

根据因子相关分析方法选取的指标中,部分变量间可能会存在信息重叠或自相关性高的问题,因此利用主成分分析方法,进一步对所选取的指标进行筛选。本研究利用主成分分析(Principal Component Analysis,PCA)的基本思想是,通过研究初步选取各指标间的内在结构,把多个指标转化成少数几个综合指标,这些指标相互独立并且包含原有指标的大部分信息,从而达到数据降维的目标。主成分分析的主要步骤如下:

（1）对原有变量数据矩阵按以下公式进行标准化处理:

$$x_{it}^* = \frac{x_{it} - \overline{x_i}}{S_i}, \qquad t = 1,2,3,\cdots,n \tag{2}$$

其中,$\overline{x_i} = \frac{1}{n}\sum_{t=1}^{n} x_{it}$;$S_i = \sqrt{\frac{1}{n}\sum_{t=1}^{n}(x_{it}-\overline{x_i})^2}$;$\overline{x_i}$ 和 S_i 分别为第 i 个因子的样本平均值和均方差。

（2）计算变量的简单相关系数矩阵 R

$$R = \begin{bmatrix} r_{11} & r_{12} & \cdots & r_{1p} \\ r_{21} & r_{22} & \cdots & r_{2p} \\ \vdots & \vdots & & \vdots \\ r_{p1} & r_{p2} & \cdots & r_{pp} \end{bmatrix} \tag{3}$$

其中,$r_{ij}(i,j=1,2,\cdots,p)$ 为原变量 x_i 与 x_j 的相关系数,$r_{ij}=r_{ji}$,其计算公式为 $r_{ij} = \dfrac{\sum_{k=1}^{n}(x_{ki}-\overline{x_i})(x_{kj}-\overline{x_j})}{\sqrt{\sum_{k=1}^{n}(x_{ki}-\overline{x_i})^2\sum_{k=1}^{n}(x_{kj}-\overline{x_j})^2}}$。

（3）求解特征方程 $|\lambda\boldsymbol{I}-\boldsymbol{R}|=0$,并使其由大到小排列($\lambda_1\geqslant\lambda_2\geqslant\cdots\geqslant\lambda_p\geqslant 0$),然后分别求出对应于特征值 λ_i 的特征向量 u_{ij},要求满足

$$(\boldsymbol{R}-\lambda_i\boldsymbol{I})u_i = 0, u_i'u_i = 1, \quad (i=1,2,\cdots,n)$$

（4）计算特征值的贡献率 $f_i = \lambda_i / \sum_{k=1}^{p}\lambda_k(i=1,2,\cdots,n)$ 和累计贡献率 $\sum_{k=1}^{i}\lambda_k / \sum_{k=1}^{p}\lambda_k(i=1,2,\cdots,n)$,并取累计贡献率达到 $85\% \sim 95\%$ 的特征值 $\lambda_1,\lambda_2,\cdots,\lambda_m(m<n)$。

（5）计算主成分荷载 $a_{ij}=u_{ij}\sqrt{\lambda_i}(i=1,2,\cdots,n;j=1,2,\cdots,m)$,根据主成分荷载对特征向量和样本进行分类。

2.3.3　雪灾预警模型的构建与风险评价方法

雪灾危害等级预警以县级行政分区作为基本单元。利用相关分析和 PCA 方法,确定出雪灾预警关键指标基础上,通过研究雪灾损失与雪灾预警关键指标间的关系,确定雪灾预警经验模型的表达形式,并采用多元非线性回归模拟测试方法确定雪灾预警模型参数。

雪灾风险评价则在县域雪灾危害等级预警结果为基础,通过确定空间异质性因子,建立雪灾风险评价查找表,动态分析基于格网单元(500 m×500 m)的雪灾风险程度。

为了解决畜均 GDP、牲畜数量、雪灾概率等因子的计量单位不统一,取值范围变幅大等问题,在建模前对所有自变量数值采用最大值标准化方法进行归一化处理。

$$X'_{i,j} = \frac{X_{i,j}}{X_{j\max}} \tag{4}$$

式中：$X_{i,j}$ 为第 i 行第 j 列变量值；$X_{j\max}$ 为第 j 组变量的最大值。经标准化处理后，自变量数值转换为 $0\sim1$ 的范围。

2.3.4　雪灾预警模型的反演与精度评价

利用近 3 年(2008—2010 年)青藏高原地区积雪季相关资料，筛选出 243 次有雪灾损失等相关灾害信息的案例作为验证数据。依据雪灾危害等级预警模型反演结果，通过混淆矩阵的方法对雪灾预警模型的总精度、有灾精度、漏报误差和错报误差进行评价。在精度评价中考虑以下四个方面的样本数：(1)相关记录和模型模拟均有雪灾的样本数；(2)相关记录有雪灾而模型模拟为无雪灾的样本数，即为漏报样本；(3)相关记录和模型模拟均无雪灾的样本数；(4)相关记录无雪灾而模型模拟为有灾的样本数，即为错报样本数。

3　结果与讨论

3.1　雪灾预警关键因子统计分析

采用 Pearson 相关分析方法进行统计分析的结果表明，在这 20 项指标中，有 17 项指标与家畜死亡数呈正的线性关系，有 3 项指标与家畜死亡数呈负的线性关系，其中灾害发生前 20 天的低温持续天数与家畜死亡数相关性较高(表 2)。与家畜死亡数具有相关性($|R| \geqslant 0.60, p < 0.05$)的指标有 11 项，其中有 9 项指标与家畜死亡数呈正相关关系，分别为牧草产量(X_4)、春季雪灾概率(X_5)、年雪灾概率(X_6)、草地积雪覆盖率(X_8)、积雪覆盖天数(X_{10})、均温小于 0℃ 的低温天数(X_{12})、均温小于 -10℃ 的低温天数(X_{14})、草地掩埋指数(X_{18})及载畜力(X_{19})；其中人均农牧业纯收入(X_3)、畜均 GDP(X_{20})2 项指标与家畜死亡数呈负相关关系。以上研究表明，这 11 项指标与雪灾危害程度具有较密切的相关关系，因此本研究利用这 11 项指标进行雪灾关键预警指标的分析研究(表 2)。

表 2　雪灾危害程度相关因子的数据库

因子编码	因子名称	相关系数(r)	因子描述(补充说明)
a_1	雪灾持续天数	$+0.27$	雪灾从发生到结束的持续时间
a_2	地区生产总值（GDP）	-0.58	单位为元(Yuan)
$a_3(X_1)$	人均牧业纯收入	-0.65	单位为元(Yuan)
$a_4(X_2)$	牧草产量	$+0.60$	单位为千克/公顷(kg/ha)
$a_5(X_3)$	春季雪灾发生概率	$+0.74$	依据各省区气象灾害大典,统计 1951—2000 年以来有明确记录的雪灾事件计算。
$a_6(X_4)$	年雪灾发生概率	$+0.79$	依据各省区气象灾害大典,统计 1951—2000 年以来有明确记录的雪灾事件计算。
a_7	积雪覆盖率	$+0.56$	1)积雪与县域国土面积的比例 2)a_7 计算时段为雪灾发生期内
$a_8(X_5)$	草地积雪覆盖率	$+0.67$	1)积雪覆盖的草地面积与县域内草地总面积的比例 2)计算时段在雪灾发生期内

续表

因子编码	因子名称	相关系数（r）	因子描述（补充说明）
a_9	积雪覆盖天数	+0.22	1）a_9 从遥感资料获取 2）a_9 计算时段为每年积雪季开始到预警期结束（自 10 月 1 日起统计到雪灾结束）
$a_{10}(X_6)$	积雪覆盖天数	+0.66	1）a_{10} 从遥感资料获取 2）a_{10} 计算时段为雪灾发生前 20 天到雪灾结束
a_{11}	日均温＜0℃的低温持续天数	+0.34	1）a_{11} 从气象台站获取 2）a_{11} 计算时段为每年积雪季开始到雪灾结束（自 10 月 1 日起统计到雪灾结束）
$a_{12}(X_7)$	日均温＜0℃的低温持续天数	+0.61	1）a_{12} 从气象台站获取 2）a_{12} 计算时段为雪灾发生前 20 天到雪灾结束
a_{13}	日均温＜−10℃的低温持续天数	+0.54	1）a_{13} 从气象台站获取 2）a_{13} 计算时段为每年积雪季开始到雪灾结束（自 10 月 1 日起统计到雪灾结束）
$a_{14}(X_8)$	日均温＜−10℃的低温持续天数	+0.70	1）a_{14} 从气象台站获取 2）a_{14} 计算时段为雪灾发生前 20 天到雪灾结束
a_{15}	日均温＜−20℃的低温持续天数	+0.52	1）a_{15} 从气象台站获取 2）a_{15} 计算时段为每年积雪季开始到雪灾结束（自 10 月 1 日起统计到雪灾结束）
a_{16}	日均温＜−20℃的低温持续天数	+0.58	1）a_{16} 从气象台站获取 2）a_{16} 为雪灾发生前 20 天到雪灾结束时的天数
a_{17}	最低温度	+0.35	1）a_{17} 从气象台站获取 2）a_{17} 为雪灾发生时期的最低温度
$a_{18}(X_9)$	草地掩埋指数	+0.65	1）a_{18} 为积雪深度与草地高度的比值 2）计算时段在雪灾发生期内
$a_{19}(X_{10})$	载畜力	+0.64	1）a_{19} 为羊单位与草地面积的比值 2）单位为羊单位/公顷（su/ha）
$a_{20}(X_{11})$	畜均 GDP	−0.71	1）a_{20} 为人均 GDP 与家畜年末存栏数的比值 2）单位为元/羊单位

注：X_1-X_{11} 用于表 3 中

　　利用主成分分析方法，进一步对 11 项指标进行了筛选。结果表明，在 11 个因子中，春季雪灾概率（X_3）与年雪灾概率（X_4）、日均温＜0℃的低温天数（X_7）与积雪覆盖天数（X_6）、日均温小于−10℃的低温天数（X_8）之间具有密切的正相关关系，相关系数分别达 0.813、0.531 和 0.435。说明这些变量之间的相关性较强，他们存在信息上的重叠；年雪灾概率（X_4）与畜均 GDP（X_{11}）之间呈一定的负相关关系，说明畜均 GDP 可以反映区域综合抗灾能力，它与雪灾的危害程度呈反比关系（表 3）。

表 3　相关系数矩阵

因子	X_3	X_5	X_6	X_7	X_8	X_9	X_{10}	X_2	X_1	X_{11}	X_4
X_3	1.000										
X_5	0.254	1.000									
X_6	−0.014	0.178	1.000								
X_7	0.166	0.295	0.531	1.000							
X_8	0.240	0.137	0.284	0.435	1.000						
X_9	0.201	0.253	0.165	0.042	0.171	1.000					
X_{10}	−0.137	−0.151	0.050	0.038	−0.044	−0.156	1.000				
X_2	0.070	0.040	−0.338	−0.237	−0.001	0.027	−0.397	1.000			
X_1	0.034	−0.033	0.342	0.358	0.068	0.151	−0.123	0.017	1.000		
X_{11}	−0.314	−0.222	0.142	0.031	−0.139	−0.175	0.222	−0.164	0.046	1.000	
X_4	0.813	0.279	−0.115	0.001	0.001	0.326	−0.304	0.184	0.076	−0.355	1.000

　　表 4 为主成分分析方法计算的相关矩阵特征值、贡献率及累计贡献率结果。从该表可以看出,前 7 个成分的累计贡献率已达到了 85% 以上。这说明前 7 个特征值所包含的全部因子提供的信息已包含了绝大部分的信息。因此,可以取前 7 个特征值对应的特征向量,计算主成分荷载(表 5)。主成分荷载是主成分与变量因子间的相关系数。从表 5 可以看出:(1)年雪灾概率(X_4)和春季雪灾概率(X_3)与第 1 主成分有较大的正相关关系,畜均 GDP(X_{11})与主成分 1 呈负相关关系,其中相关系数绝对值最大的是年雪灾概率(X_4);(2)积雪覆盖天数(X_6)和日均温小于 0℃ 的低温天数(X_7)与第 2 主成分有较好的正相关关系,牧草产量(X_2)与主成分 2 呈负相关,其中积雪覆盖天数(X_6)相关系数的绝对值最大;(3)在第 3 主成分中,相关系数绝对值最大的是载畜力(X_{10}),与主成分呈负相关关系;(4)在主成分 4 中,均温小于 −10℃ 的低温天数(X_8)的相关系数绝对值最大;(5)在主成分 5 中,草地掩埋指数(X_9)与其呈负相关关系,且绝对值最大;(6)在主成分 6 中,草地积雪覆盖率(X_5)的相关系数绝对值较大;(7)主成分 7 中,畜均 GDP(X_{11})与其呈正相关关系,且绝对值较大(表 5)。

表 4　方差贡献率分析表

成分	初始特征值		
	特征值	方差贡献率(%)	累计方差贡献率(%)
1	2.665	24.226	24.226
2	2.232	20.291	44.517
3	1.220	11.088	55.605
4	1.009	9.170	64.775
5	0.921	8.370	73.145
6	0.811	7.369	80.514
7	0.709	6.446	86.961
8	0.594	5.403	92.364
9	0.407	3.704	96.067
10	0.313	2.847	98.914
11	0.119	1.086	100.000

表 5　因子载荷矩阵

变量因子	因子编码	主成分						
		1	2	3	4	5	6	7
春季雪灾概率（%）	X_3	0.770	−0.137	−0.365	0.233	0.344	−0.024	0.158
草地积雪覆盖率	X_5	0.551	0.135	−0.154	−0.293	−0.459	−0.515	0.047
积雪覆盖天数	X_6	0.175	0.804	0.110	0.065	−0.141	−0.040	−0.015
低温天数（日均温<0℃）	X_7	0.347	0.760	0.031	−0.126	0.211	−0.221	−0.027
低温天数（日均温<−10℃）	X_8	0.396	0.430	−0.014	−0.545	0.309	0.411	0.205
草地掩埋指数	X_9	0.518	0.068	0.075	0.167	−0.609	0.514	0.153
载畜力	X_{10}	−0.442	0.304	−0.604	0.127	0.053	0.162	−0.025
牧草产量（kg）	X_2	0.215	−0.552	0.545	−0.254	0.137	−0.037	0.219
人均农牧业纯收入（元）	X_1	0.235	0.422	0.574	0.470	0.162	0.026	−0.247
畜均 GDP	X_{11}	−0.526	0.305	0.120	0.285	0.002	−0.165	0.705
年雪灾概率	X_4	0.786	−0.335	−0.195	0.375	0.114	−0.072	0.095

　　由此可见，利用主成分荷载可以把这 11 个因子归为 7 类，一般可以选取其中载荷绝对值最大者作为代表[4]。据此，选择因子 X_4 作为第 1 主成分，因子 X_6 代表第 2 主成分，因子 X_{10} 代表第 3 主成分，因子 X_8 表示第 4 主成分，而因子 X_9、X_5 和 X_{11} 分别代表主成分 5、6 和 7。因此，就可以确定牧区雪灾预警的关键因子依次为年雪灾概率（X_4）、积雪覆盖天数（X_6）、载畜力（X_{10}）、均温小于−10℃的低温天数（X_8）、草地掩埋指数（X_9）、草地积雪覆盖率（X_5）、畜均 GDP（X_{11}）。

3.2　雪灾危害等级预警模型的构建与分析

　　参照 2006 年国家质量监督检验检疫总局和国家标准化管理委员会发布的《牧区雪灾等级》国家标准[1]，依据受灾程度及积雪对放牧牲畜采食影响情况，该项研究提出青藏高原牧区雪灾危害强度预警分级标准，将雪灾危害程度划分为无雪灾、轻度雪灾、中度雪灾、严重雪灾和特大雪灾 5 级（表 6）。预警时间分为短期预警（如未来 3 天、一周、10 天等）和中长期预警。

表 6　牧区雪灾危害强度预警分级标准

雪灾等级	牲畜死亡数（万头/只）（× 1000）	放牧影响情况
无灾	0	牧区草地有积雪，但积雪掩埋牧草程度小于 35% 或草地积雪覆盖率小于 30%，对各类牲畜采食几乎无明显影响。
轻灾	5	影响牛的采食，对羊的影响尚小，而对马则无影响。
中灾	5～10	影响牛、羊的采食，对马的影响尚小。
重灾	10～20	影响各类牲畜的采食，牛、羊损失较大。
特大灾	>20	影响各类牲畜的采食，如果救灾不力将造成大批牲畜死亡。

　　在综合考虑青藏高原地区雪灾危害强度与致灾因子和抗灾因子关系及雪灾危害强度主成分分析的结果基础上，提出以下区域雪灾危害强度综合判别经验模型：

$$Z = \frac{b_1 \times X_4 + b_2 \times X_8 + b_3 \times (X_5 \times X_6 \times X_9 \times X_{10})}{X_{11}} \tag{5}$$

式中 Z 为雪灾危害强度,可用雪灾引发的牲畜死亡数量或经济损失表示;b_1、b_2 和 b_3 为模型参数;X_4 为年雪灾概率,X_8 是日均温小于 $-10℃$ 的低温天数,X_5 为草地积雪覆盖率,X_6 为积雪覆盖天数,X_9 为草地掩埋指数,X_{10} 为载畜力,X_{11} 为畜均 GDP。

利用雪灾危害强度主成分分析方法确定的以上 7 个关键因子作为自变量,以雪灾引发的牲畜实际死亡数量(头/只)代表雪灾危害强度并作为因变量,利用 45 次雪灾案例数据及 SPSS 多元非线形回归模拟分析方法,确定的雪灾危害强度模型参数 $b_1=57.850$,$b_2=64.891$ 和 $b_3=8496$。考虑到不同预警时间及区域,上式可写为:

$$Z_{ij} = \frac{57.850 \times a_{ij} + 64.891 \times b_{ij} + 8496 \times \prod_{k=1}^{n}(c_{ij}^{k})}{d_{ij}} \quad (6)$$

式中 Z_{ij} 为某一县级行政分区在预警时期内的雪灾危害强度;i 为县级行政分区编号,$i=1,2,3,\cdots,n$,本项目研究中 $n=212$;j 为预警时段,$j=1,2,3,\cdots,m$,对自 10 月 1 日起算的旬雪灾预警而言,$m=18$;k 为雪灾预警变量,$k=1-4$;c_{ij}^{k} 分别代表草地积雪覆盖率、积雪覆盖天数、草地掩埋指数和载畜力;d_{ij} 为畜均 GDP。

通过建立的雪灾预警模型,模拟分析了 2008 年 1 月下旬和 2008 年 2 月上旬连续 2 次在县域尺度上的雪灾预警结果。由图 1 可以看出,2008 年 1 月下旬发生特大雪灾的地区分布在青藏高原地区的班戈县和安多县,发生重灾的地区有 11 个县,15 个县出现了中等程度的雪灾;到 2008 年 2 月上旬(图 2),仅有安多 1 个县出现了特大雪灾,班戈县由特大雪灾转变为严重雪灾,尼玛县由中等雪灾上升为严重雪灾,出现中等雪灾和轻灾的地区在减少,大部分地区无雪灾。利用西藏那曲新闻网(http://www.xznqnews.com)等网站报道的雪灾信息和相关记录资料,对预警结果验证表明,模拟结果与当时该地区出现灾害的情况较为符合。

图 1　青藏高原 2008 年 1 月下旬雪灾预警等级反演结果

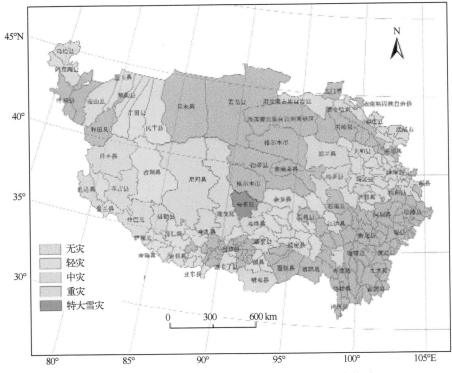

图 2　青藏高原 2008 年 2 月上旬雪灾预警等级反演结果

　　通过对近 3 年来青藏高原牧区雪灾预警模型的反演及模拟分析,总结出该模型实际应用时应注意以下情况:

　　(1)雪灾危害强度 Z 值代表雪灾引发的牲畜潜在死亡数量(头/只);

　　(2)草地积雪覆盖率(X_5)、积雪覆盖天数(X_6)采用遥感资料(如 MODIS 积雪合成产品)或气象台站观测数据计算,统计时间包括预警起始日期的前 20 天和预警时期的天数;

　　(3)草地掩埋指数(X_9)为雪深与草高的比值,其中雪深通过遥感资料(如 AMSR-E 逐日合成产品)或气象台站观测数据计算,自积雪季 10 月 1 日开始统计,为有雪时的平均雪深;

　　(4)雪灾危害强度模型涉及的 7 个自变量应用最大值标准化方法处理为无量纲数值;

　　(5)当区域平均草地积雪掩埋指数介于 0~35%(0<X9<35%)且草地积雪覆盖率介于 0~30%(0<X_5<30%)时,直接标记为无雪灾。

3.3　雪灾风险强度分析

　　在区域雪灾危害强度预警及区域环境限制因子研究基础上,从主成分分析方法确定的雪灾预警关键因子中可筛选出能够反映雪灾风险强度空间异质性的因子,构建基于格网单元的雪灾风险判别方法。雪灾风险强度可分为高风险、中风险和低风险 3 级。

　　基于以上思路,筛选的雪灾风险强度关键因子为草地积雪掩埋指数(K)和草地积雪日数(D),雪灾风险判别方法列于表 7。雪灾风险强度具体计算流程(图 3)说明如下:首先,依据地形(如坡度小于 50°以下)及草地空间分布状况等区域环境限制因子,分析判断在没有积雪条件下牲畜可采食的空间分布范围[12],并标记出雪灾可能发生区域(如坡度小于 50°的牧区)及不可能发生区域(如农区、坡度大于 50°的草地分布区等)的格网单元(图 4);其次,根据预警时期

（如10月上旬开始至预警末期）遥感监测的积雪空间分布状况,计算出最大草地掩埋指数和积雪覆盖日数;最后,利用基于格网单元的雪灾风险强度判别模式,分析模拟雪灾可能发生区域的风险强度,绘制基于格网单元(500 m×500 m)的雪灾风险强度分级地图。

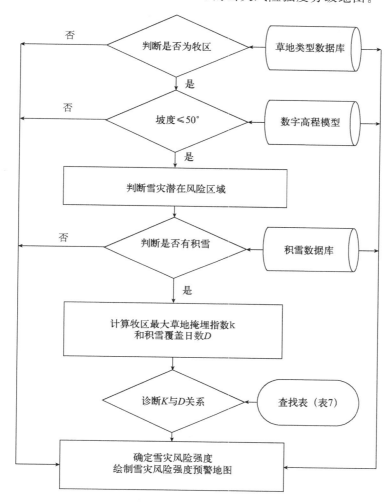

图3　基于格网单元的区域雪灾风险强度分级判别分析流程图

表7　基于格网单元的牧区雪灾风险强度判别标准

判别指标及阈值		草地积雪覆盖天数(X_6)(K)		
		$X_6<10$	$11 \leqslant X_6 < 20$	$X_6 \geqslant 20$
草地掩埋指数(X_9)	$X_9<30$	低风险	低风险	中风险
	$30 \leqslant X_9 < 60$	中风险	高风险	高风险
	$X_9 \geqslant 20$	高风险	高风险	高风险

注:1)计算X_6和X_9时,积雪深度在0.5 cm以上定义为有雪;2)计算X_9时,可使用气象台站或被动微波遥感资料监测的雪深数据,牧草高度为近年来草地地面观测结果统计结果;3)计算X_6时,可使用气象台站或光学遥感资料监测的积雪覆盖范围数据;4)草地积雪日数统计时间从积雪季10月1日开始。

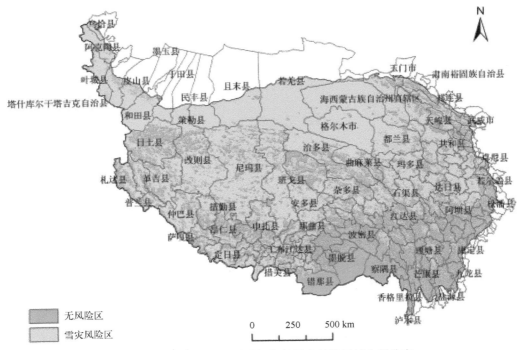

图 4　青藏高原地区积雪季初期的雪灾风险区域空间分布

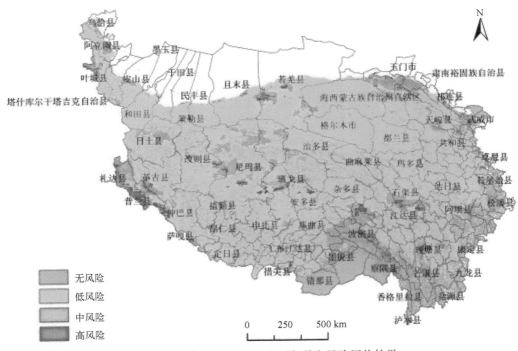

图 5　青藏高原 2008 年 1 月下旬雪灾风险评价结果

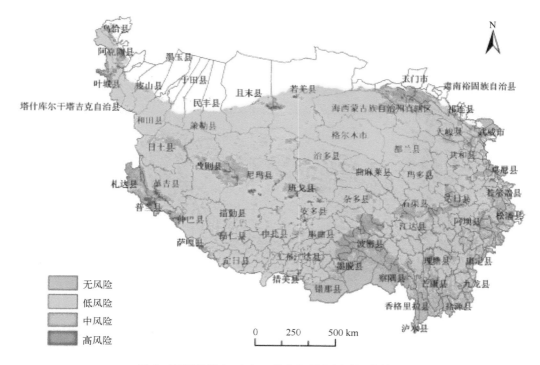

图 6　青藏高原 2008 年 2 月上旬雪灾风险评价结果

　　图 4 显示了依据草地类型数据库和数字高程模型进行空间叠加分析后,所确定的在无雪状况下家畜能够正常采食的区域。从该图可以看出,无风险的区域主要分布在青藏高原的东南部及中西部的部分地区,而其余大部分地区均为潜在风险区。

　　分析 2008 年 1 月下旬和 2008 年 2 月上旬的风险评价结果可以看出,在 2008 年 1 月下旬(图 5),研究区内高风险区面积较小,主要零星分布在青藏高原的中部及西部,并且在其周围有零星分布的中风险区,整个青藏高原地区主要以低风险为主,东南部为无风险区。其中,班戈县的预警结果是特大雪灾(图 1),但是从风险评价结果可以看出,该县主要以低分险为主,中风险区主要分布在中部及北部地区,而高风险区面积较小,主要位于该县的中部。这说明该县预警等级为特大雪灾的情况下,遭受雪灾最为严重的地区主要位于该县的中部及北部地区。图 6 显示了整个青藏高原地区在 2008 年 2 月上旬仍然以低风险为主,高风险区和中风险面积在减少,并且由西向东呈带状分布,而无风险区的面积在增加。其中,班戈县的预警结果降为严重雪灾(图 2),但是从风险评价结果可以看出,该县仍然以低分险为主,中风险区与高风险区仅位于该县的中部,且面积在减少。这说明该县在发生严重雪灾的情况下,受灾情况最为严重的地区主要位于该县中部的高风险区和中风险区域内。

3.4　雪灾危害等级预警模型精度评价

　　对青藏高原近 3 年积雪季(10—12 月和翌年 1—3 月)各县(市)旬雪灾预警反演结果的分析表明,本项研究提出的雪灾危害等级预警模型具有较高的准确性,其漏报误差、错报误差、雪灾精度和总精度分别介于 0~10%、0~25%、89%~100% 和 82%~97% 之间。

表 8　2008—2010 年雪灾预警模型反演精度

反演时间	一致性样本数		非一致性样本数		有灾精度	无灾精度	总精度
	有灾	无灾	记录有—模拟无	记录无—模拟有	（%）	（%）	（%）
2008	169	58	19	18	89.89	76.32	85.98
2009	35	62	0	21	100	74.7	82.2
2010	19	9	1	0	95	100	96.55
2008—2010	223	129	20	39	91.77	76.79	85.64

3.5　讨论

综上所述,本项预警研究假定在没有域外人为干预情况下(如大规模的饲草料调运等救灾援助),模拟分析雪灾可能形成的灾害损失状况、雪灾等级和风险强度。但是,牧区雪灾危害的严重程度不仅与牧区防灾基础设施(如牲畜棚圈等)建设及饲料储备状况密切相关,而且与灾害救援力度有极大的关系。因此,该项研究提出的雪灾预警方法,仍然需要进行深入研究。

本研究提出的牧区雪灾经验预警模型属于开放式结构,因而可以根据不同地区的实际情况及雪灾资料,对模型所涉及的变量及参数进行调整和改进。由于所用的验证资料均来自当地的统计数据、网络及文献报道材料,许多资料缺乏雪灾发生的准确范围、持续时间和损失状况,对雪灾危害等级的验证带来一定的困难。但是,随着今后对研究区雪灾资料的不断积累,可以进一步优化本研究提出的预警模型及方法,对提高青藏高原牧区雪灾预警的精度具有重要作用。

尽管自 2000 年"西部大开发"战略实施以来,中国政府在青藏高原牧区广泛开展了"草原四配套"建设等以生态环境保护及农牧民增收为目标的项目,对改善该地区现有的草地畜牧业生产及管理模式具有重要意义。但是,藏区游牧民族几千年以来形成的传统生产和生活方式,在短期内还难以根本改变。在今后相当长的一段时期内,青藏高原地区草地畜牧业仍然以自由放牧经营方式为主,因此深入研究雪灾预警,不断提高预警的准确性,对防灾减灾具有重大的现实意义。

4　结论

本章以青藏高原 201 个县级行政单元为研究区,利用 GIS 和 PCA（Principle Component Analysis）等分析方法,结合青藏高原地区积雪遥感资料和近 50 年（1951—2010 年）草地、气象、畜牧、社会经济等动态监测数据库,以及研究区发生的典型雪灾案例资料,研究了青藏高原地区雪灾预警方法。研究结果表明:

(1)影响青藏高原牧区雪灾发生的关键因子有 7 项,依次为年雪灾概率、积雪覆盖天数、载畜力、日均温小于 $-10℃$ 的低温天数、草地掩埋指数、草地积雪覆盖率及畜均 GDP。其中,畜均 GDP 为抗灾因子,其余 6 项为致灾因子。

(2)依据受灾程度及积雪对放牧牲畜采食影响情况,本项研究构建出一种区域雪灾危害等级预警模型,制定出青藏高原地区雪灾预警分级标准,雪灾危害程度划分为无雪灾、轻度雪灾、中度雪灾、严重雪灾和特大雪灾 5 级;并提出一种基于格网单元的雪灾风险评价方法,雪灾风险强度划分为轻度、中度、重度 3 级。

(3)根据青藏高原近 3 年（2008—2010 年）积雪季（10—12 月和翌年 1—3 月）各县（市）旬

雪灾危害等级预警反演结果,雪灾危害等级预警模型总精度可达 85.64%。该项研究提出的雪灾预警方法,在实践中具有重要的业务化应用潜力。

参考文献

[1] 国家质量监督检验检疫总局,中国国家标准管理委员会.中华人民共和国国家标准《牧区雪灾等级》(GB/T 20482—2006).北京:中国标准出版社.2006.

[2] 甘肃发展年鉴编委员.甘肃发展年鉴 2010.北京:中国统计出版社,2010,1-478.

[3] 郝璐,王静爱,满苏尔,等.中国雪灾时空变化及畜牧业脆弱性分析.自然灾害学报,2002,(4):42-48.

[4] 鲁安新,冯学智,曾群柱,等.西藏那曲牧区雪灾因子主成分分析.冰川冻土,1997,(2):86-91.

[5] 李海红,李锡福,张海珍,等.中国牧区雪灾等级指标研究.青海气象,2006,(1):24-27+38.

[6] 刘光轩.中国气象灾害大典:西藏.北京:气象出版社.2008,1-256.

[7] 刘建华.中国气象灾害大典:云南卷.北京:气象出版社.2008,1-540.

[8] 刘兴元,梁天刚,郭正刚,等.北疆牧区雪灾预警与风险评估方法.应用生态学报,2008,(1):133-138.

[9] 青海省统计局.青海统计年鉴 2010.北京:中国统计出版社,2010,1-425.

[10] 四川省统计局.四川统计年鉴 2009.北京:中国统计出版社,2010,1-376.

[11] 史玉光.中国气象灾害大典:新疆卷.北京:气象出版社,2008,1-340.

[12] 王德利,程志茹.放牧家畜的采食行为理论研究.现代草业科学进展,2002,(1):132-134.

[13] 温克刚.中国气象灾害大典:甘肃卷.北京:气象出版社,2008,1-448.

[14] 王荜本.中国气象灾害大典:青海省卷.北京:气象出版社,2008,1-217.

[15] 王玮,冯琦胜,张学通,等.基于 MODIS 和 AMSR-E 资料的青海省旬合成雪被图像精度评价.冰川冻土,2011,(1):88-100.

[16] 王玮,黄晓东,吕志邦,等.基于 MODIS 和 AMSR-E 资料的青藏高原牧区雪被制图研究.草业学报,2013,**22**(4):227-238.

[17] 新疆维吾尔自治区统计局.新疆统计年鉴 2010.北京:中国统计出版社,2010,1-332.

[18] 西藏自治区统计局.西藏统计年鉴 2010.北京:中国统计出版社,2010,1-337.

[19] 西藏自治区统计局.西藏统计年鉴 2011.北京:中国统计出版社,2011,1-271.

[20] 尹东,王长根.中国北方牧区牧草气候资源评价模型.自然资源学报,2002,(4):494-498.

[21] 于惠,张学通,王玮,等.基于 AMSR-E 数据的青海省雪深遥感监测模型及其精度评价.干旱区研究,2011,(2):255-261.

[22] 周秉荣,申双和,李凤霞.青海高原牧区雪灾逐级判识模型.中国农业气象,2006,(3):210-214+218.

[23] 周秉荣,李凤霞,申双和,等.青海高原雪灾预警模型与 GIS 空间分析技术应用.应用气象学报,2007,(3):373-379.

[24] 张国胜,伏洋,颜亮东,等.三江源地区雪灾风险预警指标体系及风险管理研究.草业科学,2009,(5):144-150.

[25] 中国气象局.中国气象统计年鉴 2009.北京:气象出版社,2010,1-948.

[26] 中华人民共和国农业部畜牧兽医司全国畜牧医站.中国草地资源.北京:中国科学技术出版社,1986,147-328.

[27] 周陆生,汪青春,李海红,等.青藏高原东部牧区大—暴雪过程雪灾灾情实时预评估方法的研究.自然灾害学报,2001,(2):58-65.

[28] 张镱锂,李炳元,郑度.论青藏高原范围与面积.地理研究,2002,(1):1-8.

[29] 詹兆渝.中国气象灾害大典:四川省卷.北京:气象出版社,2008,1-602.

[30] Chang A T C, Foster J L, Hall D K. Effects of forest on the snow parameters derived from microwave measurements during the boreas winter field campaign. *Hydrological Processes*. 1996, **10**(12): 1565-1574.

[31] Delparte D, Jamieson B, Waters N. Statistical runout modeling of snow avalanches using GIS in Glacier

National Park，Canada. *Cold Regions Science and Technology*，2008，**54**(3)：183-192.

[32] Freedman D，Pisani R，Purves R. *Statistics*. New York. Norton & Company，1998，1-226.

[33] Gao Y，Xie H，Lu N，*et al*. Toward advanced daily cloud-free snow cover and snow water equivalent products from Terra-Aqua MODIS and Aqua AMSR-E measurements. *Journal of Hydrology*，2010，**385**(1-4)：23-35.

[34] Gutzler D S，Rosen R D. Interannual variability of wintertime snow cover across the Northern Hemisphere. *Journal of Climate*，1992，**5**(12)：1441-1448.

[35] Hall D K，Foster J L，Salomonson V V，*et al*. Development of a technique to assess snow-cover mapping errors from space. *Geoscience and Remote Sensing. IEEE Transactions on*，2001，**39**(2)：432-438.

[36] Hendrikx J，Owens I，Carran W，*et al*. Avalanche activity in an extreme maritime climate：The Application of Classification Trees for Forecasting. *Cold Regions Science and Technology*，2005，**43**(1-2)：104-116.

[37] Hirashima H，Nishimura K，Yamaguchi S，*et al*. Avalanche forecasting in a heavy snowfall area using the snowpack model. *Cold Regions Science and Technology*，2008，**51**(2-3)：191-203.

[38] Jones A S T，Jamieson B. Meteorological forecasting variables associated with skier-triggered dry slab avalanches. *Cold Regions Science and Technology*，2001，**33**(2-3)：223-236.

[39] Liang T G，Huang X D，Wu C X，*et al*. An application of MODIS data to snow cover monitoring in a pastoral area：A case study in Northern Xinjiang，China. *Remote Sensing of Environment*，2008a，**112**(4)：1514-1526.

[40] Liang T G，Zhang X，Xie H，Wu C，*et al*. Toward improved daily snow cover mapping with advanced combination of MODIS and AMSR-E measurements. *Remote Sensing of Environment*，2008，**112**(10)：3750-3761.

[41] Nakamura M，Shindo N. Effects of snow cover on the social and foraging behavior of the Great tit Parus Major. *Ecological Research*，2001，**16**(2)：301-308.

[42] Romanov P，Gutman G，Csiszar I. Satellite-derived snow cover maps for North America：Accuracy Assessment. *Advances in Space Research*，2002，**30**(11)：2455-2460.

[43] Stowe L L，McClain E P，Carey R，*et al*. Global distribution of cloud cover derived from NOAA/AVHRR operational satellite data. *Advances in Space Research*，1991，**11**(3)：51-54.

[44] Wang X，Xie H. New methods for studying the spatiotemporal variation of snow cover based on combination products of MODIS terra and aqua. *Journal of Hydrology*，2009，**371**(1-4)：192-200.

[45] Tachiiri K，Shinoda M，Klinkenberg，*et al*. Assessing mongolian snow disaster risk using livestock and satellite data. *Journal of Arid Environments*，2008，**72**(12)：2251-2263.

[46] Tominaga Y，Mochida A，Okaze T，*et al*. Development of a system for predicting snow distribution in built-up environments：Combining a Mesoscale Meteorological Model and a CFD Model. *Journal of Wind Engineering and Industrial Aerodynamics*，2011，**99**(4)：460-468.

[47] Nakai S，Sato T，Sato A，*et al*. A snow disaster forecasting system (SDFS) constructed from field observations and laboratory experiments. *Cold Regions Science and Technology*. 2012，**70**(0)：53-61.

[48] Williamson R A，Hertzfeld H R，Cordes J，*et al*. The socioeconomic benefits of earth science and applications research：Reducing the Risks and Costs of Natural Disasters in the USA. *Space Policy*，2002，**18**(1)：57-65.

[49] Yu H，Zhang X，Liang T，*et al*. A new approach of dynamic monitoring of 5-day snow cover extent and snow depth based on MODIS and AMSR-E data from Northern Xinjiang Region. *Hydrological Processes*，2011，9.

利用多元回归方法反演中国陆地 AVHRR 气溶胶光学厚度

高　玲[①1]　　李　俊[1,2]　　陈　林[1]　　张里阳[1]

(1. 国家卫星气象中心,北京 100081;2. 美国威斯康星大学,美国 53706)

摘　要:本文通过建立 AVHRR Level 1B 的观测量与同时进行观测的 MODIS 的 AOD 产品的对应关系,利用多元回归的数学算法进行 AVHRR 陆地 AOD 的反演。以 2008—2011 年的匹配数据作为回归样本获得多元回归系数,再将此系数应用到 2003—2007 年 AVHRR 中国陆地地区($15°\sim45°$N;$75°\sim135°$E)得到了 AOD 的时空分布,结果表明其空间分布特征合理。将反演结果与同期的 Aqua/MODIS 及 AERONET 的 AOD 对比分析得到,AVHRR 和 MODIS 的 AOD 的月变化趋势具有很好的一致性,北京地区、长三角、珠三角、四川盆地等气溶胶重污染区的 AOD 月均值的相关系数在 0.8 以上。北京、香河、香港、兴隆等 AERONET 的观测值与 AVHRR 反演的 AOD 的相关系数也在 0.6 以上。

关键词:AVHRR;多元回归算法;气溶胶光学厚度;MODIS AERONET

1　前言

　　大气气溶胶因其直接辐射强迫和间接辐射强迫对气候变化研究有着重要的影响,研究表明气溶胶的辐射强迫有着很大的不确定性[1],造成这种巨大的不确定的原因是对气溶胶的特性了解得不足,因此为了更好地进行气候变化的研究,有必要对气溶胶的时空分布特性进行精确的掌握。尽管地基观测气溶胶光学特性的精度较高,但由于其站点稀疏,在广大的沙漠以及海洋上缺少站点,因此空间覆盖面有很大的局限。为了得到空间覆盖面更广的气溶胶产品,卫星遥感的手段得到了很大的应用。其中搭载在 NOAA 系列卫星上的 AVHRR 自 1979 年升空以来距今有 30 多年的观测记录,因此具有十分重要的气候应用价值,但受其光谱通道的限制,陆地气溶胶光学厚度的反演具有很大的难度,迄今为止仅有海上 AOD 业务产品[2]。尽管利用 AVHRR 反演陆地气溶胶光学厚度有很大的难度,但是国内外学者还是进行了大量的研究。但所有的这些算法都有着一定的局限性,它们只针对某一个地表类型[3]、某一区域[4]或只做了个例的研究[5],并没有给出大范围长时间的 AVHRR 陆地 AOD 的时空分布结果。

　　在进入 21 世纪以来,大量可用于气溶胶观测的传感器相继发射升空,为全球气溶胶光学特性研究提供了可靠的数据集[6]。由于过境时间相近的传感器在相差时间不大的情况下可近似对同一大气进行观测,因此如果能通过数学方法建立起 AVHRR 的 Level 1b 直接观测量和其他传感器 AOD 产品的相关关系,将能够实现 AVHRR 陆地 AOD 的反演。

---

　　①　国家卫星气象中心工程师。邮箱:gaoling@cma. gov. cn;电话:010-68407955

2　仪器及数据说明

　　AVHRR 共有六个观测通道:0.58~0.69 μm(通道一),0.70~1.01 μm(通道二),1.57~1.64 μm(通道 3A),3.49~4.04 μm(通道 3B),10.01~11.77 μm(通道四),和 11.40~12.70 μm(通道五)。

　　本文采用的 AVHRR 数据为美国威斯康星大学空间科学与工程中心(SSEC)和气象卫星研究所(CIMSS)提供的 PATMOS-X(Pathfinder Atmospheres-Extended)数据集(http://cimss.ssec.wisc.edu/patmosx/)[7]。数据分辨率为 0.1°×0.1°,空间覆盖范围为 15°~45°N,75°~135°E,时间为 1982—2011 年。包含经度、纬度、扫描时间、太阳天顶角、卫星天顶角、相对方位角、海陆边界、地表类型、海陆模板、冰雪分类、地表高程、通道 0.65 μm、0.86 μm、1.6 μm、3.75 μm 的表观反射率以及通道 3.75 μm、11 μm、12 μm 的亮温、云掩膜等云产品以及大气可降水量等物理量。

3　研究方法

3.1　多元回归方法介绍

　　多元回归反演方法是一种特征向量统计回归反演方法,该方法通过假设预报量和预报因子之间存在线性关系来简化这个问题,得到下式:

$$\boldsymbol{X} = \boldsymbol{C}\boldsymbol{Y}^T \tag{1}$$

$\boldsymbol{X}$——预报量,$N_p \times N_s$ 维的矩阵(N_p 表示预报量个数,N_s 表示样本数),$\boldsymbol{C}$——回归系数,$N_p \times N_c$ 维回归系数矩阵(N_p 表示预报量个数,N_c 表示预报因子个数),$\boldsymbol{Y}$——预报因子,$N_s \times N_c$ 维的矩阵(N_s 表示样本数,N_c 表示预报因子个数),$\boldsymbol{T}$——矩阵的转置,根据最小二乘法,最合适的解是使 $\sum(\boldsymbol{X}-\boldsymbol{C}\boldsymbol{Y}^T)^2$ 最小的解,即:

$$C = XY(Y^TY)^{-1} \tag{2}$$

由上述理论描述可知,若要从 AVHRR 可见光通道的观测值得到陆地的大气气溶胶光学厚度产品,关键在于计算回归系数 C。

3.2　AVHRR Level 1b 和 MODIS AOD 产品的匹配

　　由于 AQUA 与 NOAA-16 和 NOAA-18 都是下午星,过境时间十分接近,可以视为 MODIS 和 AVHRR 几乎是同时对同一大气进行观测,AVHRR Level 1b 的观测信息与 MODIS 的 550 nm AOD 密切相关。由于 AVHRR Level 1b 数据为空间分辨率 0.1°的格点化数据且每日一个,而 MODIS 的 Level 2 产品为 10km 空间分辨率的 5 分钟数据段数据,因此若要获得回归量 AVHRR Level 1b 和回归因子 MODIS MYD04 的相关关系,首先需要将这两个数据集进行时空匹配,匹配原则如下:(1)时间上匹配像元点的观测时间相差不能超过半小时;(2)空间上匹配的像元点观测距离不能超过 0.1°;(3)AVHRR 的云检测结果为晴空,且不为裸土等亮地表、地表不能有积雪覆盖。

3.3　获取多元回归系数

　　由于 MODIS 和 AVHRR 同时对同一大气状况进行观测,因此通过建立 AVHRR 的直接观测量和 MODIS 的 AOD 产品之间的相关关系进行 AVHRR 陆地 AOD 的反演是合理的,但如何选择回归变量是需要慎重考虑的问题。以 Kaufman 的辐射传输方程为依据[6]，选取太阳天顶角的余弦、卫星天顶角的余弦、两者的方位角之差的余弦、散射角的余弦这些角度信息，以及包含气溶胶散射信息的可见光 $0.66\ \mu m$，$0.86\ \mu m$ 通道的表观反射率、反映地表特性的近红外 $3.75\ \mu m$ 通道的表观反射率，影响分子瑞利散射量的地表高程信息、大气中水汽含量、与地表特性相关的 NDVI 等作为预报因子，MODIS 的 MYD04 暗背景的 $0.55\ \mu m$ AOD 产品作为预报量。除了预报因子外，考虑到不同区域、不同季节、不同地表类型对回归结果的影响，因此在实际计算回归系数时，分别按经纬度区域、季节和地表类型进行分组计算。

　　为了验证算法的可靠性，将 2008 年到 2011 年时间段内 AVHRR Level 1b 与 MODIS MYD04 的匹配数据作为回归样本获取回归系数，2002—2007 年的数据用来验证，由于 2002 年的 AVHRR 数据集缺少 $3.75\ \mu m$ 通道的数据，因此仅将 2003—2007 年的数据用于验证。

4　结果及验证

4.1　AVHRR 陆地气溶胶光学厚度反演结果

　　将利用 2008—2011 年匹配数据多元回归得到的回归系数应用到 2003—2007 年的 AVHRR level 1b 数据中即可或者该时间段内 AVHRR 的陆地 AOD 产品。以 2007 年为例，可得到如图 1 所示的中国陆地地区气溶胶光学厚度的月平均分布图。从图中可以看到，AOD

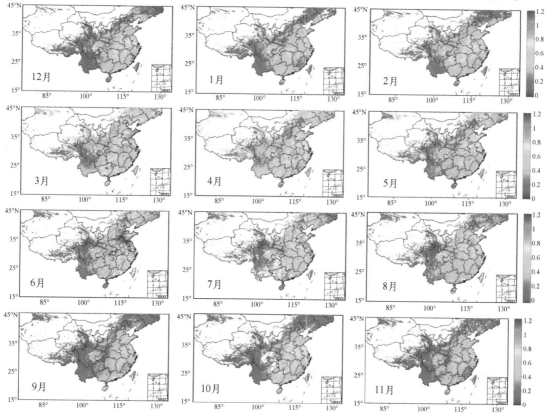

图 1　AVHRR 2007 年中国地区气溶胶光学厚度（AOD($0.55\ \mu m$)）的月平均值

的高值区主要分布在华北南部、黄淮东部、华中的湖北南部、安徽北部、华东地区、珠三角、四川盆地等经济发达人口密集的地区。从时间变化规律上看,总体上 AOD 春夏季高,秋冬较低,其中夏季最高、秋季最低,这与 MODIS 的时空分布规律是十分一致的[8]。

4.2　反演结果的对比验证

利用 2003—2007 年 AVHRR AOD 产品与同期的 MODIS MYD04 产品进行对比分析,可对 AVHRR AOD 产品的质量进行评估。以北京地区、长三角地区、珠三角地区以及四川盆地的四大 AOD 高值区为例进行研究,得到如图 2 所示的月均值的时间序列分布图。从图 2 中可以看到,MODIS 产品与反演得到的 AVHRR AOD 产品的一致性很好,变化趋势十分一致,两者的差别很小。由于 2008 年到 2011 年的数据参与了回归,因此 2008 年以后两个数据集的差异要比 2008 年之前小。此外,这四个区域中,四川盆地的差异要比其他三个区域大,可能的原因是四川盆地云较多,有效的晴空样本点偏少,回归样本的代表性较差。

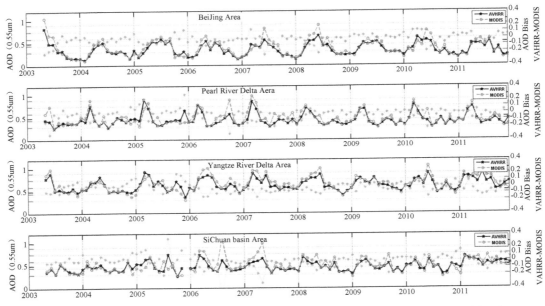

图 2　2003 年 5 月—2011 年 12 月中国地区四大 AOD(0.55 μm)高值区 AVHRR AOD 和
MODIS MYD04 AOD 月均值的变化曲线,其中红线表示 MODIS MYD04 AOD 的月均值,
黑色表示 AVHRR AOD 的月均值,绿线表示两者的差值

由于地基观测的气溶胶光学特性的产品精度较高,卫星遥感的气溶胶产品常常需要通过与地基观测的结果对比以验证其产品质量[9]。AERONET 的北京、香河、兴隆、香港等四个站点被用于验证 2003—2007 年 AVHRR 的 AOD 产品质量,对比结果如图 3 所示,四个站的相关系数都在 0.6 以上。与 MODIS 相比,AVHRR AOD 与 AERONET AOD 之间仍有一定的相关性,但是误差较大,说明将 AVHRR 用于单点逐时的反演的质量不高。造成这种情况的原因可能是 AVHRR 传感器的设置对于气溶胶反演而言信息量不够,另一方面统计算法计算的一般是平均态,对于单点的描述能力不足,此外,云检测的误差、仪器的噪声等都会影响 AVHRR 反演的陆地 AOD 产品的质量。

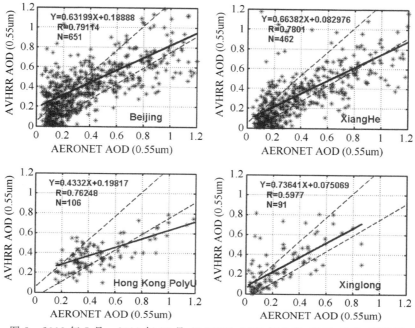

图 3　2003 年 5 月—2011 年 12 月 AVHRR AOD 与北京、香河、香港、兴隆等
四个 AERONET 站点的 AOD(0.55 μm)的对比

5　结论

由于目前常规的气溶胶反演算法不能获得 AVHRR 的陆地 AOD 产品,多元回归算法被用于反演。为了证明算法的可靠性以及未来用于 30 年历史数据集反演的潜力,以 2008—2011 年 AVHRR level 1b 与 MODIS 的 MYD04 的匹配数据作为样本,通过多元回归方法得到中国陆地地区不同区域,不同季节,不同地表分类的多套回归系数,并将此回归系数应用到 2003—2007 年的 AVHRR level 1b 数据中,得到了 2003—2011 年的 AVHRR 陆地气溶胶数据集。将 2003—2007 年的数据集与 MODIS MYD04 产品、AERONET AOD 进行比较,比较结果表明尽管在单像元逐时次的反演上 AOD 精度有待提高,但其区域的日平均值和月平均值都有着较高的质量,以北京地区、长三角地区、珠三角地区、四川盆地等中国的气溶胶重污染区为例,AVHRR AOD 区域月均值与 MODIS 变化趋势十分一致。

但从与 AERONET 的对比结果来看,反演仍存在一定的误差,误差主要来源于:

(1)AVHRR 仪器本身的信息量不够丰富;

(2)多元回归算法是一种统计算法,对平均态的描述比较有效;

(3)多元回归因子的选取,选取的回归因子有限,并不能完全将气溶胶和地表的物理特性包含在其中;

(4)云检测产品的质量。

除了 AVHRR 的陆地 AOD 产品具有一定的反演误差外,多元回归方法还存在着一些不足:首先,AVHRR 的反演结果非常依赖于被用作回归量的 AOD 数据集的质量,并且反演产品的质量不可能超过改数据集。其次,不能如 MODIS 一样给出产品的质量标识,并且不能非常明确的阐述该算法在有的区域反演效果较好,有的区域反演效果较差的原因。尽管存在着反演误差和明显的弱点,但将多元回归方法获得的 AVHRR 中国地区陆地 AOD,与 MODIS 相比有着十分一致的变化规律,与 MODIS 和 AERONET 相比也有着较高的相关系数,这些都说明了 AVHRR 反演的 AOD 具有一定的气候应用价值。

参考文献

[1] Hansen J E, Lacis A A. Sun and dust versus greenhouse gases: an assessment of their relative roles in global climate change. *Nature*, 1990, **346**: 713-719.

[2] Geogdzhayev I V, Mishchenko M I, Rossow W B, *et al*. Global two-channel AVHRR retrievals of aerosol properties over the ocean for the period of NOAA-9 observations and preliminary retrievals using NOAA-7 and NOAA-11 data. *Journal of the atmospheric sciences*, 2002, **59**: 262-278.

[3] Holben, Vermote E, Kaufman Y J, *et al*. Aerosol retrieval over land from AVHRR data-application for atmospheric correction. *Geoscience and Remote Sensing*, *IEEE Transactions on*, 1992, **30**: 212-222.

[4] Hauser A, Oesch D, Foppa N, *et al*. NOAA AVHRR derived aerosol optical depth over land. *Journal of Geophysical Research: Atmospheres* (1984—2012), 2005, **110**: - .

[5] Takemata K, Fukui H, Kawata Y. Retrieval of aerosol optical thickness over land using NOAA/AVHRR data. *Advances in Space Research*, 2006. **38**: 2208-2211.

[6] Kaufman Y, Tanré D, Remer L A, *et al*. Operational remote sensing of tropospheric aerosol over land from EOS moderate resolution imaging spectroradiometer. *Journal of Geophysical Research*, 1997, **102**: 17051-17017, 17067.

[7] Heidinger A K, Straka W C III, Molling C C, *et al*. Deriving an inter-sensor consistent calibration for the AVHRR solar reflectance data record. *International Journal of Remote Sensing*, 2010, **31**: 6493-6517.

[8] Li C, Coauthors. Characteristics of distribution and seasonal variation of aerosol optical depth in eastern China with MODIS products. *Chinese Science Bulletin*, 2003, **48**: 2488-2495.

[9] Dubovik O, Smirnov A, Holben B, *et al*. Accuracy assessments of aerosol optical properties retrieved from Aerosol Robotic Network (AERONET) Sun and sky radiance measurements. *Journal of Geophysical Research: Atmospheres* (1984—2012), 2000. **105**: 9791-9806.

卫星资料在柴达木盆地太阳能估算中的应用研究

郭晓宁[①1]　　肖建设[2]　　马生玉[1]

(1. 青海省格尔木市气象局,格尔木 816000;2. 青海省气象科学研究所,西宁 810001)

摘　要:为了科学了解太阳能资源,验证地面实测气象资料与卫星资料的相关性,利用遥感和 GIS 技术,对青海高原太阳能资源丰富区——柴达木盆地的太阳能资源进行反演,以回归统计法求取地面总辐射,用红外资料、可见光和红外数字卫星等资料,估算地面总辐射并与地面实测气象资料进行对比分析,并进行模型检验。结果表明:遥感资料反演和实测值变化很吻合,相关系数超过 90%。利用静止气象卫星 FY-2C 资料反演计算地表太阳总辐射,能填补气候学方法的不足,能提高定量研究辐射的空间精度。

关键词:柴达木盆地;遥感;GIS;太阳能估算

1　前言

太阳能作为大气能源的主体,其开发和利用有十分重要的意义。对太阳辐射的研究,早在 20 世纪 70 年代就已经开始。进入 20 世纪 90 年代后,伴随着卫星遥感和地理信息系统(GIS)技术的发展,对太阳辐射的研究转向太阳辐射模型与 GIS 的结合。R Dubayah 等[1,2]分别于 1992 年、1995 年提出了利用卫星估算和建立了基于 GIS 的太阳辐射模型。Denis[3] 1993 年利用 Landsat-5 卫星和数字高程数据,估算确定了山地冰川净辐射场。Dozier 等[4]于 1990 年研究了太阳辐射模型中地形参数的快速算法。

国内外学者利用卫星资料、用遥感技术对太阳辐射都进行了相关的研究[5~7]。梁益同等[8]利用 FY-2C 卫星资料,对河南、湖北、湖南的太阳辐射进行了估算。李净等[9]利用 DEM 计算了坡地的太阳辐射。张兴华等[10]利用辐射观测资料对拉萨地区紫外线进行了分析,并建立了估算公式。周秉荣等[11]以天文辐射理论模型、有关参数为基础,应用青海 DEM 模型、Angstrom 气候学模式,通过天文辐射、大气透射率的计算,建立了青海高原月、年太阳总辐射栅格模型,同时,应用模型估算了青海高原 30 年(1970—2000 年)平均月、年太阳总辐射。保广裕等[12]对柴达木盆地太阳辐射预报方法进行了系统研究,探索出了实用的预报指标和预报方法,得出一些有益的结论。

目前,利用气象卫星反演地表太阳辐射的有多种模式,但均没有将卫星资料与地面气象资料科学对比。因此,本研究拟利用遥感和 GIS 技术,对青海高原太阳能资源丰富区—柴达木盆地的太阳能资源进行反演,并与地面实测气象资料进行对比,从而得出对柴达木盆地太阳能资源进行科学合理的分析和评估,以期为地区经济发展建设提供决策依据。

① 　郭晓宁,青海省格尔木市气象局工程师。邮箱:xnkwok@163.com;电话:0979-8493152　13897061230

2　资料与方法

2.1　资料处理及参数获取

FY-2C 卫星资料使用比较常见，本研究所用资料为 2006—2008 年 6—7 月 FY 卫星的每小时 1 次的可见光（0.5～0.75 μm）和红外（10.5～12.5 μm）的云图，以及西宁、格尔木、玉树的逐时总辐射资料。FY-2C 的可见光较窄，如果用 Dedieu 模式，由于受地表、大气参数的限制，完成很困难。本研究选择了合理的因子，利用回归统计法计算地面总辐射。

2.2　资料处理过程

在采用 FY-2C 可见光资料、太阳天顶角估算入射地面总辐射的基础上，采用以下卫星遥感测值与地面总辐射的回归拟合关系，并对相关系数进行比较，最高值为最佳模式。使用可见光卫星资料和红外数字资料估算地面总辐射。

2.2.1　地面总辐射与可见光计数值的拟合

$$\hat{E}_{g\ (1)}=a_0 C_{vis}+a_1 \tag{1}$$

式中：a_0、a_1 是回归系数；C_{vis} 是可见光计数值，经计算复相关系数最大值在刚察站，为 0.4817，最小在玉树站，仅为 0.1004，说明该模式不适用。

2.2.2　地面总辐射与可见光计数值和太阳天顶角余弦的线性关系（陈渭民等 1997）[13]

$$\hat{E}_{g\ (2)}=a_0 C_{vis}+a_1\mu_0+a_2 \tag{2}$$

结果比模式 1 要好，复相关系数 MR 有显著提高，大都在 0.50 以上，少数站小于 0.50。

2.2.3　红外资料估算总辐射

太阳辐射大部分被地面吸收，大气吸收很少。到达地面的太阳辐射主要是加热地表，继而提高地表温度，地表则以发射红外辐射的方式透过大气进入太空。因此，到达地表的太阳辐射越强，地表增温越大，红外辐射也就越强。因此，日间红外辐射强度与地面总辐射有关，则卫星测值与地面总辐射的关系，见公式（3）。

$$\hat{E}_{g(3)}=a_0 C_{IR}+a_1\mu_0+a_2\mu_0^2+a_3 \tag{3}$$

C_{IR} 为红外计数值（见表 1）。数据显示表明：除 1 站（刚察）外，复相关系数均在 0.7 以上，且各站复相关系数差异不大，表明采用红外资料进行地面总辐射估算的方法可行。

表 1　红外资料估算地面总辐射回归系数

站名	a_0	a_1	a_2	a_3	MR
玉树	-2.330×10^{-2}	7.515	-4.492	3.012	0.778
西宁	4.949×10^{-3}	-7.928	7.335	2.139	0.753
刚察	-1.702×10^{-2}	1.043	-7.383	1.158	0.468
格尔木	-1.680×10^{-2}	4.627	-1.453	2.475	0.768

2.2.4　使用可见光和红外数字卫星资料估算地面总辐射

在模式中增加了 C_{VIS}^2，C_{IR}^2，引进非线性关系，以 C_{VIS}，C_{VIS}^2，C_{IR}，C_{IR}^2，μ_0，μ_0^2 为估算因子，见公式（4）。

$$\hat{E}_{g(4)} = a_0 C_{VIS} + a_1 C_{VIS}^2 + a_2 C_{IR} + a_3 C_{IR}^2 + a_4 \mu_0 + a_5 \mu_0^2 + a_6 \quad (4)$$

结果见表2,复相关系数基本上在0.7以上,如西宁为0.7以上。

在以上4种模式中,由于测站都是点观测,而卫星遥感资料代表区域内的面辐射。因此,卫星遥感在地形平坦条件下相关性较好,而在地形复杂地区相关性差。

表2 红外资料估算地面总辐射回归系数

站名	a_0	a_1	a_2	a_3	a_4	a_5	a_6	MR
玉树	0.142	-9.892×10^{-3}	9.612	-5.492	2.986×10^{-3}	3.599×10^{-5}	-6.596	0.839
西宁	-0.125	8.789×10^{-2}	-7.709	6.822	2.651×10^{-4}	-2.947×10^{-4}	4.757	0.732
刚察	0.334	9.113×10^{-2}	4.856	-3.147	5.600×10^{-2}	-1.954×10^{-4}	-2.177	0.772
格尔木	0.285	-1.590×10^{-2}	4.357	-0.628	-6.096×10^{-3}	2.715×10^{-5}	-1.458	0.819
综合	0.092	4.719×10^{-2}	0.673	1.033	-2.240×10^{-3}	1.103×10^{-4}	4.679	0.774

3 结果与分析

3.1 模型检验

通过卫星遥感反演计算了2008年8月4日8:00—20:00逐时太阳总辐射(见图1),从刚察、西宁、格尔木、玉树、玛沁5个太阳总辐射观测站数据分析比较可以看出:逐小时的遥感反演资料与实测值很吻合,相关系数超过90%,平均误差在$-1.24\sim0.52$ MJ/m²。证明此方法

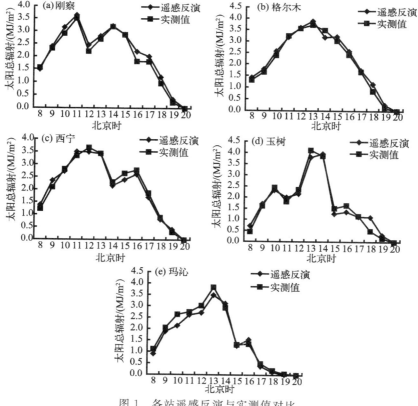

图1 各站遥感反演与实测值对比

反演地面太阳总辐射是可行的。由数据分析,误差产生来源主要有两点:(1)地面反照率受地物类型影响;(2)大气透射率根据经验公式计算,未考虑不同大气状况下的影响,青藏高原下午云系较大,影响太阳总辐射的计算。

日数据估算:地面太阳辐射最常用的量是日累积辐照 I_{daily}(单位:MJ/m²),表示每天地面接收的短波总辐射能量,是地面辐照的时间积分,对卫星测量的结果采用公式(5)。

$$I_{\text{daily}} = \sum_{k=1}^{n+1} \left[\frac{E_S(t_k) + E_S(t_{k-1})}{2}(t_k - t_{k-1}) \right] \tag{5}$$

式中,t_k 为卫星观测的时间,其时间间隔为 1 h,n 为每天卫星观测的次数;t_0,t_{n+1} 分别为日出和日落的时间,并假定:$E_s(t_0) = E_s(t_{n+1}) = 0$[14](魏合理等,2012)。对各站日实测与遥感反演对比分析看出(见图 2、表 3):相关系数在 90% 以上,日平均误差在 $-2.66 \sim 4.97$ MJ/m²,误差相对较大,这可能和云,特别是薄云对太阳辐射的影响有关。

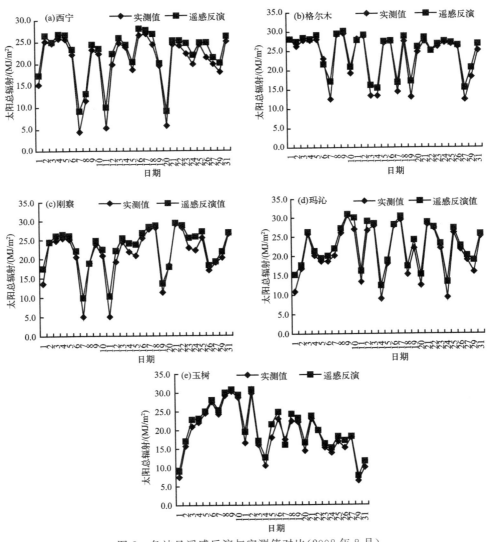

图 2　各站日遥感反演与实测值对比(2008 年 8 月)

表3　各站点 2008 年 8 月 4 日小时太阳总辐射

站名	时间	8:00	9:00	10:00	11:00	12:00	13:00	14:00	15:00	16:00	17:00	18:00	19:00	20:00
刚察站	遥感反演/(MJ/m²)	1.50	2.39	3.14	3.63	2.45	2.80	3.20	2.86	2.20	2.01	1.20	0.34	0.00
	实测/(MJ/m²)	1.55	2.32	2.90	3.50	2.20	2.68	3.18	2.86	1.81	1.80	0.96	0.22	0.00
	误差/(MJ/m²)	−0.05	0.07	0.24	0.13	0.25	0.12	0.02	0.00	0.39	0.21	0.24	0.12	0.00
	相对误差/%	−3.06	2.83	8.12	3.71	11.27	4.48	0.63	0.00	21.55	11.67	25.00	54.55	
格尔木	遥感反演/(MJ/m²)	1.11	1.92	2.62	3.19	3.66	3.91	3.56	3.01	2.60	1.90	1.20	0.30	0.04
	实测/(MJ/m²)	1.30	1.65	2.38	3.24	3.57	3.72	3.49	3.03	2.42	1.68	0.86	0.14	0.04
	误差/(MJ/m²)	−0.19	0.27	0.24	−0.05	0.09	0.19	0.07	−0.02	0.18	0.22	0.34	0.16	0.04
	相对误差/%	−14.62	16.60	10.29	−1.50	2.43	5.14	2.06	−0.66	7.44	13.10	39.53	114.29	
西宁	遥感反演/(MJ/m²)	1.31	2.07	2.66	3.13	3.12	3.12	2.05	2.34	2.44	1.62	0.79	0.14	0.00
	实测/(MJ/m²)	1.22	2.09	2.81	3.34	3.66	3.43	2.30	2.65	2.78	1.87	0.90	0.30	0.00
	误差/(MJ/m²)	0.09	−0.02	−0.15	−0.21	−0.21	−0.31	−0.25	−0.31	−0.34	−0.25	−0.11	−0.16	0.00
	相对误差/%	7.60	−1.10	−5.41	−6.25	−5.61	−9.06	−10.87	−11.70	−12.23	−13.37	−12.22	−53.33	
玉树	遥感反演/(MJ/m²)	0.82	1.58	2.23	2.03	2.61	2.88	3.69	1.72	1.63	1.40	1.00	0.35	0.00
	实测/(MJ/m²)	0.44	1.61	2.45	1.81	2.36	4.12	3.86	1.52	1.65	1.17	0.50	0.17	0.00
	误差/(MJ/m²)	0.38	−0.03	−0.22	0.22	0.25	−1.24	−0.17	0.20	−0.02	0.23	0.50	0.18	0.00
	相对误差/%	85.90	−1.73	−8.87	12.15	10.50	−30.13	−4.35	13.16	−1.21	19.66	100.00	105.88	
玛沁	遥感反演/(MJ/m²)	0.85	1.72	1.93	2.66	2.50	3.94	3.02	1.20	1.45	0.33	0.13	0.04	0.00
	实测/(MJ/m²)	1.11	2.04	2.63	2.74	3.02	3.84	2.94	1.32	1.35	0.50	0.20	0.06	0.00
	误差/(MJ/m²)	0.26	0.32	0.70	0.08	0.52	−0.10	−0.08	0.12	−0.10	0.17	0.07	0.02	0.00
	相对误差/%	23.24	15.54	26.63	2.90	17.21	−2.48	−2.76	9.09	−7.41	34.00	35.00	33.33	

3.2　估算结果

　　为方便对比分析,用整个柴达木盆地 2011 年 7 月 15 日 8:00—19:00 一天内太阳总辐射遥感反演了空间分布图(见图3)。用黑色到灰色表示小时太阳总辐射值从低值到高值变化等级。从 8:00 开始太阳总辐射开始增加,到 13:00 左右达到最高值,19:00 以后太阳总辐射达到最小;时间尺度上呈现一个开口朝下的抛物线。全区内小时太阳总辐射最大值 4.80 MJ/m²,最小值为 0.0 MJ/m²。从空间尺度分析,全区小时辐射呈现一个以格尔木中部、都兰西部、冷湖等为核心的辐射性分布状况。由 2011 年 7 月 15 日和 7 月 31 日日太阳总辐射分析可知(见图4),日最大值出现在格尔木,晴空下全区太阳总辐射呈现西多东少的特点。

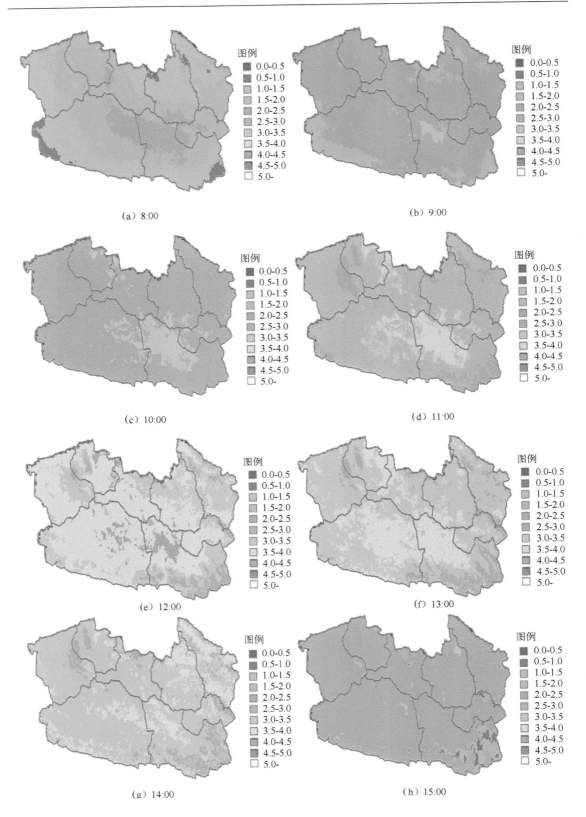

(a) 8:00

(b) 9:00

(c) 10:00

(d) 11:00

(e) 12:00

(f) 13:00

(g) 14:00

(h) 15:00

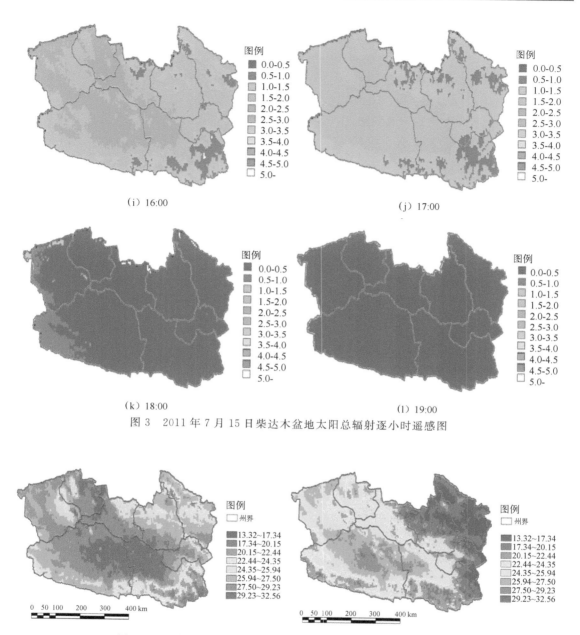

（i）16:00　　　　　　　　　　　　　　　　　　（j）17:00

（k）18:00　　　　　　　　　　　　　　　　　　（l）19:00

图3　2011年7月15日柴达木盆地太阳总辐射逐小时遥感图

图4　2011年7月15日、31日柴达木盆地太阳总辐射空间分布图

4　结论与讨论

（1）本研究中采用的回归方法得到的反演值，与实测值很吻合，相关系数超过90%，表明该方法在柴达木盆地太阳辐射反演对比中较适用。

（2）在利用FY-2C静止气象卫星反演地表太阳辐射的经验模型时，建立经验回归模型的过程中，无论是在模型的统计学检验还是在模型的实践检验中，效果都很好。发现在利用静止气象卫星反演计算地表太阳总辐射时,回归模型较 Dedieu 模式晴空状况下可以极大地提高了反演计算的精度,但在有云状况下 Dedieu 模式精确度较高。

(3)遥感资料反演总辐射,能填补气候学方法的不足,能提高定量研究辐射的空间精度。

(4)在遥感资料处理中,资料存在一定条带噪声,它对反照率产生了一定的不利影响,继而对地表反照率的计算精度产生了影响,这在研究和应用中需要逐步改进。

(5)研究过程中要考虑云系的影响,因此系统中考虑红外波段数据引入,这样利用可见光反照率计算时,空间分辨率有所降低。考虑采用静止卫星与极轨卫星相结合来计算太阳总辐射。

参考文献

[1] Dubayah R. Estimating net solar radiation using landsat thematic mapper and digital elevation data. *Water Resources Research*,1992,**28**(9):2469-2484.

[2] Dubayah R,Rich P M. Topographic solar radiation models for GIS. *INT J. Geographical Information Systems*,1995,**9**(4):405-419.

[3] Denis J. Using Landsat-5 thematic mapper and digital elevation data to determine the net radiation field of a Mountain Glacier. *Remote Sensing of Environment*,1993,**43**(3):315-331.

[4] Dozier J,Frew J. Rapid Calculation of Terrain Parameters for Radiation Modeling from Digital Elevation Data. *IEEE Transaction on Geoscience and Remote Sensing*,1990,**28**(5):387-393.

[5] J. Wang,K. White, G,J. Robinson. Estimating surface net solar radiation by use of Landsat-5 TM and digital elevation models. *International Journal of Remote Sensing*,2000,**21**(1):31-43.

[6] Kaicun Wang, Xiuji Zhou, Jingmiao Liu, *et al*. Estimating surface solar radiation over complex terrain using moderate-resolution satellite sensor data. *International Journal of Remote Sensing*,2005,**26**(1):47-58.

[7] Xin Li, Koike, T oshio, *et al*. Retrieval of snow reflectance from Landsat data in rugged terrain. *International Glaciological Society*,2002,**34**(1):31-37.

[8] 梁益同,刘可群,夏智宏.FY-2C 卫星资料估算太阳辐射研究.气象科技,2009,**37**(2):234-238.

[9] 李净,李新.基于 DEM 的坡地太阳总辐射估算.太阳能学报,2007,**28**(8):905-911.

[10] 张兴华,胡波,王跃思,等.拉萨紫外辐射特征分析及估算公式的建立.大气科学,2012,**36**(4):744-754.

[11] 周秉荣,李凤霞,颜亮东,等.青海省太阳总辐射估算模型研究.中国农业气象,2011,**32**(04):495-499.

[12] 保广裕,张景华,钱有海,等.柴达木光伏发电地区逐时太阳辐射预报方法研究.青海农林科技,2012,(1):15-18.

[13] 陈渭民,缪英好,高庆先.由 GMS 资料估算夏季青藏高原地区地面总辐射.南京气象学院学报,1997,**20**(3):326-333.

[14] 魏合理,徐青山,张天舒.用 GMS 气象卫星遥测地面太阳总辐射.遥感学报,2012,**7**(6):465-471.